河川径流对变化环境的脉冲响应研究

刘俊萍 曹飞凤 韩 伟 贺露露 编著

中国水利水电出版社
www.waterpub.com.cn
·北京·

内 容 提 要

全书共 13 章，主要包括绪论，渭河流域和陕西省概况，气象水文序列趋势突变研究方法，渭河流域上游气象因子变化特征分析，渭河流域上游径流变化特征分析，基于BP 神经网络的渭河流域上游径流预测，渭河流域中游气象因子变化特征分析，渭河流域中游径流变化特征分析，基于 RBF 神经网络的渭河流域中游径流预测，脉冲分析理论简介，渭河流域中游水文系统脉冲响应分析，渭河流域中游气温、降水和径流小波分析，结论与展望。

本书可作为高等学校水文水资源专业本科生和研究生的教学和科研参考书，也可供水利工程、建筑工程、环境工程及相关专业的本科生和研究生阅读，并可供水利工程、建筑工程、环境工程及相关领域技术人员参考使用。

图书在版编目（ＣＩＰ）数据

河川径流对变化环境的脉冲响应研究 / 刘俊萍等编
著. -- 北京：中国水利水电出版社，2019.6
 ISBN 978-7-5170-8100-5

Ⅰ. ①河… Ⅱ. ①刘… Ⅲ. ①渭河－流域－河川径流
－脉冲响应－水文分析 Ⅳ. ①P333.1

中国版本图书馆CIP数据核字(2019)第247560号

书　　名	**河川径流对变化环境的脉冲响应研究** HECHUAN JINGLIU DUI BIANHUA HUANJING DE MAICHONG XIANGYING YANJIU
作　　者	刘俊萍　曹飞凤　韩伟　贺露露　编著
出版发行	中国水利水电出版社 （北京市海淀区玉渊潭南路 1 号 D 座　100038） 网址：www. waterpub. com. cn E - mail：sales@waterpub. com. cn 电话：(010) 68367658（营销中心）
经　　售	北京科水图书销售中心（零售） 电话：(010) 88383994、63202643、68545874 全国各地新华书店和相关出版物销售网点
排　　版	中国水利水电出版社微机排版中心
印　　刷	北京瑞斯通印务发展有限公司
规　　格	184mm×260mm　16 开本　14.25 印张　347 千字
版　　次	2019 年 6 月第 1 版　2019 年 6 月第 1 次印刷
印　　数	001—800 册
定　　价	**65.00 元**

前 言
FOREWORD

水是人类生存不可或缺的自然资源，随着人类社会的不断进步、工业和农业的飞速发展及人口的持续增长，极为有限的水资源受到水质恶化和生态破坏的严重威胁，制约着人类社会的发展和进步，一方面全球水资源短缺，另一方面人口增加和经济发展对水资源提出越来越高的要求。因此，水资源短缺的矛盾日益加剧。近年来，随着全球变暖及人类活动的加剧，水资源短缺的问题越来越受到科学界、社会公众和各国政府的关注。在全球气候变化背景下，未来的流域水资源规划不仅要考虑气候变化的因素，同时还要考虑人类活动特别是社会经济发展情况下水资源对气候变化的响应。水资源由地表水资源和地下水资源组成，本书研究地表水资源量对气候变化的响应。由于河川径流量是地表水资源的最主要组成部分，因此本书重点研究河川径流对变化环境的脉冲响应，这里变化环境主要指气候变化和人类活动导致的下垫面变化。在气候变化中，气温正经历着一次以变暖为主要特征的显著变化；在人类活动中，大规模水利工程、农田水利建设、城市化进程和水土保持工程等改变了水文过程的下垫面条件和水循环速度。在此背景下，受气候变化和人类活动双重驱动，流域的河川径流过程发生了深刻的变化。研究在气候变化和人类活动双重影响下的河川径流的响应十分迫切。河川径流对气候变化和人类活动的脉冲响应研究有助于深入了解地表水资源的变化趋势，对认识流域水旱灾害的特点及其形成机制具有重要的意义。

参加本书编著工作的有浙江工业大学教师刘俊萍博士、曹飞凤博士、韩伟博士和贺露露博士，浙江工业大学硕士研究生王玮和周俊杰。全书分为13章，第1章由刘俊萍、王玮、周俊杰、曹飞凤等完成，第2章由韩伟、贺露露、王玮、周俊杰等完成，第3章由贺露露、曹飞凤、刘俊萍、王玮、周俊杰等完成，第 4 章由曹飞凤、王玮、周俊杰等完成，第 5 章由韩伟、王玮、周俊杰等完成，第 6 章由曹飞凤、王玮、贺露露、韩伟等完成，第 7 章由贺露露、周俊杰、王玮等完成，第 8 章由周俊杰、王玮、贺露露、韩伟等完成，第 9 章由王玮、周俊杰、贺露露、韩伟等完成，第 10 章由刘俊萍、贺露露、韩伟等完成，第 11 章由刘俊萍、曹飞凤、韩伟、贺露露等完成，第 12 章由刘俊萍、韩伟、贺露露、曹飞凤等完成，第 13 章由刘俊萍、曹飞凤、贺露露、韩伟等完成。刘俊萍负责全书的统稿。

本书在编写过程中参阅了有关教材、专著和文献，编者谨向作者表示诚挚的感谢。

本书出版得到浙江省自然科学基金（LY14E090007）的资助，在此表示感谢！

由于河川径流在变化环境下的脉冲响应研究涉及的内容和知识领域广泛，加之编者水平有限，错误之处在所难免，恳请广大读者批评指正。

刘俊萍

2019 年 3 月

目 录
CONTENTS

前言

第1章

绪　　论

1.1　研究背景及意义

　　水是万物的生命之源，是人类生存不可或缺的重要物质，也是社会经济发展和自然环境不可替代的自然资源、战略性的经济资源和生态环境的控制性要素。近年来，随着全球变暖及人类活动的加剧，河川径流问题越来越受到科学界、社会公众和各国政府的关注。在全球气候变化背景下，未来的流域水资源规划不仅要考虑气候变化的因素，同时还要考虑人类活动特别是社会经济发展情况下水资源对气候变化的响应。21世纪，水资源正日渐影响全世界的环境和社会经济发展，甚至有可能引发国家或地区之间的冲突。人类文明的发源地是河流，河流被掠夺式开发利用，加之全球变暖的趋势，未来的水资源已严重受到威胁，世界各地都面临着水源干枯甚至河流断流的尴尬境遇。渭河是黄河的最大支流，发源于甘肃省定西市渭源县鸟鼠山，流经甘肃、宁夏、陕西三省（自治区），自西至东横贯关中平原，主要流经陕西省关中平原的宝鸡、咸阳、西安、渭南等地，至渭南市潼关县汇入黄河。渭河全长818km，流域面积13.43万km²。渭河流域不仅在黄河的治理和开发中占有重要地位，在区域经济发展和西部大开发中也具有重要的战略意义。由于渭河流域远离水源地，还受秦岭山脉的阻隔，降水量较少、天然水资源不丰富、分布也不均匀，已经不能满足流域内人民生活和经济发展对水资源的需求。人们在日常生活中通过修建大大小小的水库蓄水、引水灌溉等不同措施对当地的水资源进行多方调控，以解决供需之间的矛盾，这种过程也改变了当地河川径流的天然状态；同时，大面积的土地开发、树木砍伐、水土保持等大规模的生产活动和改造工程，也不同程度地改变整个流域的下垫面条件，从而引起河川径流量的改变。随着经济社会的快速发展和人口的增长，受自然变化和人类活动的影响，渭河流域尤其是中下游地区出现了干旱缺水、洪涝灾害、水土流失和水环境恶化等问题。

　　本书以渭河流域为研究对象，采用脉冲响应函数研究河川径流对渭河流域气候和社会经济系统的脉冲响应，脉冲响应分为河川径流对气候变化的脉冲响应、对人类活动的脉冲响应、同时受到气候变化和人类活动共同影响时所作出的响应。具体分析在人类高强度活动的强烈干扰下流域内气候和水文要素的状态；分析人类活动因子的演化规律，气候和水文要素的演化规律；分析流域内气象因子（如降水、蒸发、风速、气温等）发生变化时，河川径流所表现出的响应；分析流域社会经济发生变化时河川径流所表现出的响应；分析在流域气候变化和人类活动耦合作用下河川径流的响应。研究气候变化和人类活动对渭河流域的影响，将有助于提高对气候变化和快速的社会经济发展对水文过程影响的认识，对探讨流域水资源的综合开发利用等具有非常重要的理论意义和应用价值。研究成果可为渭河流域在变化环境下的防洪、治涝、水资源规划、开发利用和管理起到重要指导作用。

1.2　国内外研究现状

河川径流过程是气候条件、人类活动与流域下垫面综合作用的产物，水文站点观测的径流过程实际上同时包含了气候变化、人类活动与下垫面等多方面的信息。河川径流受气候变化和人类活动的共同影响，同时人类活动对气候也产生了影响，因此，河川径流与气候代表的自然系统与人类活动代表的社会系统是交织在一起的，两者相互影响。气候变化和人类活动对径流的影响是目前国际国内水文水资源研究的热点，世界不同地区不同类型河流的径流量变化得到广泛的研究。受全球气候变化和人类活动的影响，未来我国所面临的水文及水资源问题将更加突出。

国外对于水文气象变化的研究比较早。为了应对世界上越来越多国家和地区出现的气温升高、大气污染等气候异常现象，早在 1974 年联合国第六次大会特别联大通过了要求世界气象组织（world meteorological organization，WMO）开展关于气候异常原因研究的决议，1979 年召开了第一次世界气候大会，其召开地点在瑞士日内瓦，共有 50 多个国家参加了该会议，在大会上通过了《世界气候大会宣言》，宣言中指出，粮食、水源、能源等与人类生活息息相关的方面均与气候存在着密切关系，气候直接影响人类的生活与发展。2009 年 12 月在哥本哈根召开的全球气候大会的主题是"为了明天"，大会的顺利召开也意味着世界上每个国家都开始关注和重视全球的气候变化，也在为明天更好地发展采取许多有效措施。国内外学者对气候变化以及人类活动对于径流量变化的影响做了很多研究，并取得了丰富的成果。

针对径流受气候变化和人类活动影响方面的研究，已有非常丰富的研究成果，重点主要集中在以下六个方面：

1. 气候变化对径流的影响研究

20 世纪 50 年代以来，国内关于气候与径流变化特征及预测方面的研究取得了巨大的成功，许多学者在气候与径流变化的问题上进行了大量的研究并做出了巨大的贡献。

这方面的研究大多采用时间序列分析法、统计回归分析法、Mann-Kendall 突变检验法和小波分析理论等方法分析气象和水文序列变化趋势，其中主要涉及降水量、蒸发量、气温和流量等因子。研究中大部分是对某流域长系列气候变化和径流变化特征进行探究，分析序列的变化趋势，找出序列中的突变点等，用相关分析法分析气候因素与径流量的相关关系，在此基础上对造成径流序列变化的影响因素和影响程度进行分析。牛最荣等采用径流溯源理论分析了渭河流域气温、降水、径流变化及分布特征，预测了径流未来变化趋势。李卓仑等采用相关分析、多元回归模型、方差分析和时间幂函数的趋势分析方法，分析了影响黑河出山径流的主要气象因素。王亮等应用 Mann-Kendall 非参数秩次相关分析方法，分析了滦河上游的气温、降水和径流的变化趋势和滦河上游气候变化对径流的影响。叶许春等采用 Spearman 秩次相关检验、Mann-Kendall 秩次相关检验和滑动平均三种方法分析了鄱阳湖五河水系年径流的长期变化趋势。凌红波等采用小波分析和 R/S 分析等方法分析了克里雅河源流区兰干站径流量、气温和降水量的变化趋势。

赵艳萍、宁娜等采用 Mann-Kendall 突变检验法和小波分析对白龙江流域近 40 年来气候变化特征进行分析，得出降水量与径流量呈正相关关系，而气温与径流量呈负相关关系。

高伟等根据径流量时间序列资料，应用 Mann-Kendall 突变检验法分析了西苕溪1955—2008 年径流量的变化趋势，并论述了造成径流量突变的原因，对支持太湖地区的经济社会发展具有重要的意义。

袁新田等采用线性倾向估计、累积距平和突变检验方法，对皖北地区 1958—2007 年的四季、年气温资料进行综合分析。结果表明，近 50 年皖北地区平均气温呈明显上升的趋势，最大增温发生在冬季、春季，年代际变化趋势先降后升，气温变化存在明显的突变现象。

D. Caracciolo 等基于 Budyko 方法对美国不同气候区年径流特征进行了分析。

2. 气候变化和人类活动对径流的影响分析

高强度的人类活动一方面改变人类赖以生存的生态环境，另一方面人类活动长期、持续对环境的冲击将进而影响气候系统，气候系统的变化直接导致河川径流的变化，可见，气候变化、人类活动和河川径流之间是紧密联系、相互影响制约的。龙爱华等应用 Mann-Kendall 非参数检验方法对比了新疆和中亚咸海流域的气温、降水和主要河流的径流变化趋势，分析了气候变化与人类活动对研究区生态环境的影响。梁国付、丁圣彦采用 SWAT 模型，分析了伊洛河流域伊河上游地区气候和土地利用变化对径流变化的影响。林凯荣等采用改进的月水量平衡模型，对各子流域不同土地利用情景下的径流进行了模拟。李慧赟等以澳大利亚南部典型中尺度试验流域为研究基础，采用基于遥感叶面积指数的 Penman-Monteith 蒸散发模型对原新安江模型和 SIMHYD 模型进行改进，模拟植被变化后的径流过程，并尝试定量划分植被变化和气候变化的径流响应。祝雪萍等采用 Spearman 秩次相关检验、Kendall 秩次相关检验、线性趋势回归检验三种趋势检验及模糊直接识别法分析了径流变化及其驱动因子降水、降水年内分布、蒸发及土地利用等变化情况。杜鸿等采用游程检验、趋势检验和 Mann-Kendall 检验法分析了淮河流域年最大日径流量的变化规律和淮河流域极端径流的时空变化规律。

刘俊萍、朱凯等采用累积距平法、Mann-Kendall 突变检验法等分析方法对新疆阿克苏河流域的气温、降水、蒸发量、径流等水文资料进行了一系列的统计分析，得出了近 40 年来阿克苏流域气温以及降水量总体呈上升趋势，而径流量主要受人类活动的影响而呈现下降趋势的结论。

刘二佳等运用 R/S 分析法、小波分析、历时曲线方法探讨了 1956—2005 年窟野河径流的变化趋势、突变和周期，并利用降雨-径流多元线性模型估算气候变化和人类活动对径流的影响。

M. Gao 等运用聚类、相关分析和回归分析研究了在水文、气候和地形因素的综合影响下中国年径流特征。气候变化和土地使用类型变化对流域水文过程有非常巨大的影响。

H. Wang 等应用非参数和 Mann-Kendall-Sneyers 检验法量化了气候变化和土地使

用类型变化对 Connecticut 流域下游径流的影响，研究发现 1956—2014 年美国 Connecticut 流域下游年径流有一个明显增加的趋势。

3. 降水和人类活动对径流量变化的贡献

研究降水和人类活动对径流量变化的贡献，目的是分离气候变化和人类活动对流域径流量变化的影响的各自贡献。该类的研究成果也很多，运用的理论方法有长序列资料对比分析、试验对比分析、分项组合及流域水文模拟等。王国庆等基于降水径流模型，量化分解了气候变化和人类活动对黄河中游支流河川径流量的影响。涂新军等根据东江流域径流和降水数据，分析了东江径流年内分配特征的时空变异规律，量化分解气候变化、土地利用、覆被变化、水利工程水量调节和用水消耗等主要因素对东江径流年内分配特征变化的影响贡献。邱临静等运用滑动平均法、Mann-Kendall 趋势检验法和 Sen 斜率估计法等分析方法对延河流域降水、径流等水文资料进行了分析，指出了 20 世纪 50—90 年代延河流域径流变化过程与降水过程基本保持一致，但到了 21 世纪，降水量呈现先增加后降低的变化趋势，而径流量则一直呈降低趋势。降水量与径流量之间的相关分析显示降水变化与径流变化有良好的相关关系，同时人类活动对径流变化也有着不可忽视的影响。

F. Alessia 等建立了非恒定降水情况下下渗和径流模型，模拟下渗和径流。A. D. Mehr 等采用季节算法-多基因遗传规划（SA-MGGP）模型在 Haldizen 流域进行了降水径流模拟，验证了预见期为一天、两天和三天的径流预测的有效性。城市化导致的土地使用类型的变化改变了径流形成的物理条件，Y. Y. Zhang 做了有关城市化对径流形成条件影响的详细调查，从土地使用类型变化方面模拟及评估了城市化对径流特征的影响。

4. 径流量对气候变化的敏感性分析

径流量对气候变化的敏感性分析可以确定影响径流变化的主次因素。姚允龙等利用非更新式人工神经网络模型，构建了三江平原挠力河流域的径流量预测模型，并根据联合国政府间气候变化专门委员会（intergovernmental panel on climate change，IPCC）第四次报告的气候变化模式，设定了不同的气候变化情景，利用构建的 ANN 模型分析了流域径流量对气候变化的敏感性。D. Labat 等得出了全球气温升高，海洋蒸发增加，陆地降水量和径流量增加，水文循环加快，且气温每升高 1℃ 全球径流增加 4% 的结论。H. B. Chu 等开展了黄河源头径流与大气振荡、海洋表面温度及局地尺度气候因子关系的研究，黄河源头的径流占了黄河流域总流量的 40%，正遭受严重的水资源短缺困扰，径流与气候变量之间的关系研究对了解全球气候变化背景下黄河源头径流变化趋势有非常重要的意义。全球和当地气候变量，包括西太平洋副热带高压、北半球极地涡流、青藏高原指数 B、南方涛动指数、海洋表面温度与降水、蒸发和气温，全部考虑在内，来探究 1956—2014 年吉迈、玛曲和唐乃亥水文站径流与这些变量之间的关系。突变是水文变化的一个重要表征，P. Xie 等采用原始时间序列与突变组成之间的相关系数来评价中国降水和径流过程突变的重要性。C. H. Wu 等研究了径流对历史和未来气候变化的响应，中国经历了全球变暖的影响，其中气候变暖潜在的影响是水资源时空的改变。根据长期水规划数据（1960—2008年）和 28 个全球气候模型的气候预测，研究了径流对历史和未来气候变化的响应。Emad Hasan 等应用水文网格开发了 Nile 流域径流敏感性指标，进行 Nile 流域径流对气候变化的敏感性分析，研究表明，随着 Nile 流域更加向干旱区移动，流域敏感性增加，Nile 流域在枯水期和丰水期径流的产生有非常大的不同。

5. 不同气候情景下径流的预测

王国庆等采用 Mann-Kendall 方法分析了涪江流域实测径流量的变化趋势，并对未来径流做出了预测。张永勇等采用 Mann-Kendall 统计检验分析了黄河源区几个出口水文站汛期、非汛期和年径流过程的变化趋势，对比分析了在两种气候模式排放情景下气候变化的影响。

除了政府机关和一些社会团体的研究外，许多个人的研究在这方面也有很多突破。J. I. Matondo 等使用 GCMs 等方法对瑞士的气温、蒸发、降水等进行计算，并预测了瑞士未来的气温和降水变化，在特定气候条件下流域的年径流变化。

J. M. St-Jacques 等根据北美气候变化评估计划数据对加拿大草原 2041—2070 年的径流进行了预测。

6. 径流预测

在国内，水文预测一般分为径流预测、水质预测、冰情预测和沙情预测。其中，径流预测与人类的社会经济发展关系最为密切，研究也最为广泛，其预测方法和技术得到了迅速的发展，目前已成为水义水资源学科中一个重要的分支，也是水文水资源系统工程界研究探讨的热点和难点之一。

目前，在国内外已经有很多种关于径流预测的方法，但仍未形成一个较为统一的、普遍适用的预测方法分类体系。目前在国内应用比较广泛、比较权威的分类方式认为可将预测方法分为定性和定量分析两大类，其中定量分析包括因果关系和时间序列两类方法。定性方法是对观测事物的未来变化趋势做定性分析的一种预测方法，它主要是根据已知事物的基本现状来判断其未来的变化趋势，同时也会初步分析某些不确定的因素，其判断的主要依据是人们对事物过去的经验和目前的现状的判断和直觉等，一般可以通过现场调查、专家打分、主观评价等对系统的发展进行预测。定性预测方法有很多，应用较广的有特尔斐法、专家会议等。而定量方法主要借助历史数据来进行建模，历史数据的准确性和科学方法的选用直接影响预测的可靠度，相对于定性分析方法，定量分析方法得出的结论更加详细、准确。

黄胜运用现代分析及预测新理论，即混沌理论、小波理论、人工神经网络理论、近似熵复杂性理论，并结合传统的理论和分析方法，对长江上游干流区径流长期变化特性进行分析研究。

刘俊萍等用小波分析预测方法得出黄河干流径流变化主周期为 22 年的结论，并初步分析了黄河径流的变化趋势，提出了黄河径流大概在 2003—2012 年将处于偏丰期的预测，并分析发现黄河上、中、下游的径流变化具有同步性。

何昳颖等研究认为 BP 神经网络在降水径流模拟方面优势明显，其汛期的模拟效果优于非汛期。

刘佳等利用 RBF 神经网络建立了径流的时间序列预测模型，对其原理和相应的计算步骤进行了介绍。实例应用结果显示，RBF 神经网络应用于年径流时间序列预测时，模型学习速度快，预测精度较高，而且训练样本容量的大小直接影响网络的预报误差。

李存军等给出了对人工神经网络主动适应性的表征和判断标准，并给出了日径流非线性变化的几种基本形式，使得人工神经网络对河流日径流的预测效果大大提高。

崔东文通过构建多隐层 BP 以及 RBF、GRNN 神经网络模型作为对比分析后提出：多隐层 BP 神经网络径流预测模型泛化能力强，预测精度高，算法稳定。

雷晓云等采用 MATLAB 的神经网络工具箱，对塔城地区乌拉斯台河 1966—1995 年的年径流量序列进行神经网络设计、训练以及仿真，实现运用 BP 网络对年径流量的预测研究。模型检验结果显示，所建模型具有较好的适应性和预报精度，并且拟合效果较好，说明这种预测方法有一定的实用性。

S. Riad 等运用人工神经网络中的多层感知器（multi-layer perception，MLP）建立降水-径流模型，进行对比分析之后发现，相对于传统的回归方法，人工神经网络方法更适合于预测径流。

S. Saravanan 和 R. Manjula 利用地貌瞬时单位线（geomorphologic instantaneous unit hydrograph，GIUH）技术进行无资料模拟降水过程的预测，此方法主要运用于水文资料比较稀缺的区域，被认为是最适合用于无实测水文资料地区的洪水模拟和预报。

Francois Ancti 等分别运用人工神经网络模型、人工神经网络和小波分析相结合方法对河流径流量进行预测，结果表明两种方法所预测得到的结果相似，而将人工神经网络和小波分析结合进行计算能更好地应用于蒸发时间序列的预测。

N. Qiu 等采用随机插值与 Budyko 方法耦合预测年平均径流量。

综上所述，当前的研究主要集中在气候系统和人类活动对径流的影响方面，人类活动方面仅包括土地利用、水利工程、植被覆盖，或除降水之外的因素全部归结为人类活动。而对诸如社会发展因子（如需水量、用水量、人口数量、国内生产总值等）发生变动时，对河川径流带来的影响有多大；气候变化因素（如降水量、蒸发量、气温、温度和风速等）的脉冲变化带给河川径流的影响有多大；以及气候因素和人类活动因素发生一个标准差的变动时，河川径流的响应有多大等问题还没有得到有效的解决。

河川径流对气候变化和人类活动的脉冲响应研究可以确定影响径流变化的气候和人类活动中主要因素和次要因素，对于揭示流域水文要素对气候变化和人类活动的响应机理有一定的帮助，是揭示气候变化和人类活动对流域水资源影响的重要手段之一。本书拟引入脉冲响应和方差分解理论研究河川径流对气候变化和人类活动的脉冲响应。

下面简单阐述向量自回归模型、脉冲响应函数和方差分解理论及其应用。

（1）向量自回归（vector autoregression，VAR）模型由 Sims 于 1980 年首先引入宏观经济结构建模领域，由于传统的结构化模型在处理具有动态特性的变量时，需要有具体的具有经济理论背景的模型。但是对于有些理论，现有条件下还无法用一个准确的结构化模型构造出来。因而传统的结构化模型存在缺陷，而非结构化模型解决了这种缺陷，这种模型最大的优点是让数据自身来确定模型的动态结构。VAR 模型通常用于相关时间序列系统的预测和随机扰动对变量系统的动态影响研究。近年来该模型获得广泛应用，成为一种定量分析宏观经济问题的有力工具。外生变化向量自回归-多元广义条件异方差模型通常应用于金融和经济科学方面的研究，这些方法还没有广泛地应用于水文和水资源方面的研究。F. Fathian 等应用外生变化向量自回归-多元广义条件异方差建立了区域尺度的降水径流模拟模型，分析了 Zarrineh 流域日降水和日径流的平均值和条件异方差。

（2）脉冲响应函数（impulse response function）用于追踪系统对一个内生变量的冲击效果。在 VAR 模型中，当某一变量 t 期的扰动项变动时，会通过变量之间的动态联系，对 t 期以后各变量产生一连串的连锁作用。脉冲响应函数用于衡量来自随机扰动项的一个标准差冲击对内生变量当前和未来值的影响，对一个变量的冲击直接影响这个变量，并且通过 VAR 模型的动态结构传导给其他所有的内生变量，从动态反应中可判断变量间的时滞关系。

（3）方差分解（variance decomposition）提供了另一种描述系统动态变化的方法，将系统的预测均方误差（mean square error）分解成系统中各变量冲击所做的贡献。通过建立 VAR 模型，运用脉冲响应函数分析方法考查变量间的动态冲击反应，运用预测方差分解技术进一步考查变量在解释冲击变动时的相对重要性。

脉冲响应函数主要用于金融、经济、贸易时间序列分析。魏巍贤应用多种经济计量学方法实证分析宏观经济变量对人民币汇率的影响。毛定祥运用脉冲响应函数和方差分解方法，分析了货币政策对宏观经济的作用效应时滞。王舒健等基于脉冲响应分析对中国地区经济增长的互动关系进行了实证研究。尚涛等分析了服务贸易进出口与我国经济发展的长期动态影响特征。丁元进行了劳动生产率与工资关系的脉冲响应分析。李廉水、朱红根等运用脉冲响应函数法与方差分解法分析了环境污染指标与出口贸易之间长期的动态影响特征。史红亮等运用脉冲响应函数法与方差分解法分析了中国钢铁产业能源效率及其影响因素。

目前还未见有关 VAR 模型、脉冲响应函数和方差分解用于水文系统内变量及其动态特性的研究，本书将 VAR 模型、脉冲响应函数和方差分解理论引入气候变化和人类活动对河川径流影响研究中，分析气候变化和人类活动各主要变量随机扰动对水文系统的动态影响，尝试为水文水资源领域提供一种新的研究途径。

1.3　渭河流域降水、蒸发、气候变化、径流等方面的研究现状

王生雄等研究了华县站径流序列，得出径流量在 1992 年发生了突变，径流量的变化主要是降水和人类活动共同作用的结果。侯钦磊等应用 Kendall 秩相关系数、R/S 分析、降水-径流双累积曲线法等多种数值模型，分析了渭河径流变化和人类活动对径流的影响，结果表明，渭河径流量年内主要集中于 5—10 月，占年径流总量的 75% 左右；年际变化剧烈，渭河径流量减少的主要原因是人类活动，降水变化为次要原因。李斌等通过分析得出，20 世纪 70 年代以来，渭河流域径流呈减少趋势，尤其是 90 年代以来，减少趋势显著，而降水量减少是渭河干流径流量减少的主要原因。黄晨璐等通过分析不同气候和下垫面条件的流域水文特征及其差异性，得出清源河和牛谷河流域的年平均气温呈上升趋势，降水、径流、泥沙、降水径流系数均呈减少趋势。李晓娟等通过研究渭河流域内径流量对经济用水的影响，得出 1997—2003 年渭河流域内经济用水量总体呈现出上升的趋势但增幅不大，其中农业用水所占比重最大。郭爱军等研究提出人类活动对渭河流域径流的减少有决定性影响，平均贡献率接近 80%。刘晓玲探讨了径流量对气候变化和人类活动的响应，提出气温、降水量和蒸发量与径流量有一定的相关关系，而且有相同的周期变化尺

度，突变时间分布不一致，没有太大的关联。吴金鸿利用小波分析研究渭河陕西段 1959—2009 年气温、降水量以及径流量的周期变化，分析结果表明，气温发生明显变化的周期约为 35 年，降水量发生明显变化的周期约为 32 年，每个站点的径流量变化周期不同，但变化周期基本上都在 32～42 年。

1.4 研究内容及技术路线

1.4.1 研究内容

本书研究内容分以下七个方面，下文中所提到的气象因子主要是指降水、气温和风速。

（1）河川径流与气象因子之间相互作用关系研究。分析流域的降水、气温、风速等因子和河川径流时间序列的统计特征。应用距平分析法、滑动平均曲线法等理论方法分析不同年代的平均气温、降水量和径流量及其距平值。

（2）河川径流与气象因子变化速率分析。采用时间序列趋势分析法分析气象和水文时间序列的变化速率，并采用 Kendall 非参数秩次相关检验法进行显著性检验。

（3）河川径流与气象因子突变分析。采用累积距平法、Kendall 非参数秩次相关检验法、Mann-Kendall 突变检验法、滑动 T 检验法和 Yamamoto 检验法分析气象和水文时间序列的突变点。

（4）河川径流与气象因子相关分析。分析河川径流与降水、气温和风速的相关性，找出影响河川径流变化的主要因素。

（5）河川径流对气象因子的脉冲响应。根据前面径流突变点的分析成果，将径流时间序列分为两个序列，组成径流突变前的时间序列和突变后的时间序列，在径流突变点前后，分别构建气象因子对河川径流的脉冲函数，研究径流突变前后气象因子对河川径流的脉冲影响，对比评价气象因子对河川径流过程变化的贡献度。

（6）径流预测。基于 BP 神经网络和 RBF 神经网络，建立了年径流预测模型、建立几种预测模型加以比较、如径流时间序列模型、考虑气温影响的径流预测模型、考虑降水影响的径流预测模型和考虑气温与降水影响的径流预测模型。

（7）气温、降水和径流小波变换。采用 Morlet 复值小波对渭河流域中游气温、降水量和径流量进行连续小波变换，揭示气象水文时间序列的多时间尺度结构。

1.4.2 研究方案和技术路线

渭河流域分为上游、中游和下游三段，其中宝鸡峡以上为上游，宝鸡峡至咸阳为中游，咸阳至入黄口为下游。本书主要研究渭河流域的上游和中游。

（1）气象和水文因子变化特征分析。采用线性时间序列分析理论和 Kendall 非参数秩次相关检验法，对流域内长序列的降水、气温、风速和径流的变化趋势进行分析，掌握分界点前后渭河流域气象水文要素的变化特征。分析径流量与降水、气温和风速的关系。

（2）突变点分析。采用累积距平法、Mann-Kendall 突变检验法、滑动 T 检验法和

Yamamoto 检验法对渭河流域上游和中游的气温、降水和径流的突变点进行分析。

（3）河川径流预测。应用 BP 神经网络，针对渭河流域上游径流，建立河川径流预测模型。应用 RBF 神经网络，针对渭河流域中游径流，建立河川径流预测模型。

（4）河川径流对气候变化的脉冲响应。分析气象因子对径流过程的影响，研究气象因子对河川径流过程变化的贡献度，构建气象因子对河川径流的脉冲响应函数，评价气象因子对河川径流冲击的重要性。通过脉冲响应函数分别建立受人类活动影响前后径流量对气候变化各变量冲击的反应模型，考虑径流量、降水量和气温等单一变量作为因变量时，来自其他变量包括因变量自身的滞后值的一个标准差的随机扰动所产生的影响，以及其影响的路径变化。脉冲响应函数反映的是 VAR 模型中一个变量的冲击给其他变量所带来的影响。而方差分解是通过分析每一个结构冲击对变量变化的贡献度，进一步评价不同结构冲击的重要性。

（5）河川径流突变前后的脉冲响应对比分析。研究渭河流域中游径流分界点前后径流的脉冲响应，结合方差分解理论，进一步分析各个影响因子对河川径流变化的贡献度。

（6）气象和水文因子周期及趋势变化。采用 Morlet 复值小波对渭河流域中游气温、降水量和径流量进行连续小波变换，获得小波变换系数的实部、虚部、模、模平方、小波方差等信息，通过分析这些信息揭示气象水文时间序列的多时间尺度结构。

第 2 章

渭河流域和陕西省概况

2.1 渭河流域概况

渭河又被称为渭水，流经甘肃、陕西、宁夏三个省（自治区），发源地为甘肃省渭源县鸟鼠山，是黄河的最大支流，全长约为 818km，总流域面积达到 13.43 万 km²，如图 2.1 所示。渭河分为上游、中游和下游三段，其中宝鸡峡以上为上游，宝鸡峡至咸阳为中游，咸阳至入黄口为下游。渭河流域面积中，44.1％位于甘肃省、5.8％位于宁夏回族自治区、50.1％位于陕西省。渭河流域水资源总量为 110.56 亿 m³，其中地表水资源量为 100.40 亿 m³；多年平均天然径流量为 100.40 亿 m³，占黄河流域多年平均天然径流量 580 亿 m³ 的 17.3％。渭河的上游及洛河、泾河等支流，都会经过黄土高原，同时径流流速较快，水流中泥沙含量较高；而其中、下游渠道纵横，水利交通较为发达，自汉代到唐代都为关中漕运的要道。

图 2.1　渭河流域示意图

渭河的较大支流有泾河、洛河、葫芦河等，较小的支流有马栏河、灞河、涝河等。流域降水期主要集中在夏季，降雨多为暴雨，水土流失较为严重，其中泾河水土流失最为严重，年输沙量达到 2.96 亿 t。关中平原的水利事业发展较早，早在公元前 246 年郑国渠开通引泾水入洛河，全长共 125km，后又有白公渠引泾水入渭，全长 31.5km，灌溉农田 45 万余亩。而在此以前，还有从西安引渭入黄的漕渠，在当时不但是主要的水运航道，同时还灌溉着两岸的农田。经历代扩建后，渭河中、下游渠道纵横相通，灌溉工程有泾惠渠、渭惠渠等较为著名的渠道，其渠道所在地域在历史上都是主要的产粮区。

渭河流域地貌主要可分为山地、盆地、黄土高原三大部分。山地主要包括秦岭山脉、六盘山及陇山等，断陷盆地包括陇东、宁南、陕北的高原沟壑及丘陵沟壑区等，黄土高原则包括关中冲积平原及黄土台塬两大平原。渭河上游为河源至宝鸡峡段，全长约 430km，河道较为狭窄，水流湍急，平均坡度比降为 1/260；中游为宝鸡峡至咸阳铁桥段，全长 177km，河道宽浅，沙洲较多，流速较缓，坡度变缓至 1/1500~1/500；下游为咸阳至潼关段，全长 211km，河道曲折，由于泥沙的大量淤积和三门峡水库回水的影响，河道平均坡度由 1/5000 变缓为 1/6000。三门峡水库修建前渭河下游为输沙近于平衡的河道，河道相对较为稳定，渭河汇入黄河口的高程约为 323m。而三门峡水库建成后，由于回水导致泥沙淤积，潼关渭河入黄高程逐渐增加，最高曾达到 329m，渭河下游河道也逐渐抬高，洪水泛滥时有发生，因而在渭河断面以下长 208km 的河段，两岸开始修建堤防进行控制，并修建一些护滩工程，河道整治工程量较大。后三门峡水库经过两次改建并改变水库运用方式，渭河入黄口高程有所降低，大致稳定在 326m 左右。

渭河流域内大部分区域都覆盖有深厚的黄土，土质疏松，且内部多孔隙，易被水蚀。20 世纪中期，由于长期的滥垦乱伐，植被遭到严重破坏，再加上其农业生产方式为广种薄收、单一经营，因而渭河流域一直以来存在着水土流失严重的问题，使得渭河成为一条多泥沙河流。

渭河流域属大陆性气候，年平均气温为 6~13℃，年降水量为 500~800mm，降水比较集中，大部分降水都发生在 6—9 月，占 60% 左右，降雨多为短时暴雨，洪灾频繁，而冬春降雨较少，春旱、伏旱严重。年蒸发量为 1000~2000mm，无霜期为 120~220d。年平均径流量为 102 亿 m³，年内径流变化规律与降水相似。

中华人民共和国成立以来，在大力进行渭河干支流河道治理的同时，一系列大型水利水电工程也陆续建成。20 世纪 30 年代由我国水利学家李仪祉主持兴建的泾惠渠，经过整治扩建，引水能力由 1949 年的 16m³/s 提高到 20 世纪 90 年代的 50m³/s，其灌溉面积也相应地由 50 万亩发展到 135 万亩。而宝鸡峡塬上干渠于 1971 年建成后，引渭灌区灌溉面积也已达 300 万亩。1950 年建成的洛惠渠在 1976 年扩建了洛西工程，扩建之后灌地面积已达 77 万亩。1970 年建成的东方红抽渭灌溉工程，装机容量为 2.5 万 kW，提灌累计最高净扬程已达到 86m，灌地面积为 130 万亩。1981 年建成的冯家山水库，总库容为 3.89 亿 m³，可灌地 136 万亩。而渭河南岸支流石头河上的石头河水库建成于 1984 年，坝身最高处为 114m，总库容为 1.47 亿 m³，控制流域面积为 672km²。水库设计开发任务是以灌溉为主，设计灌溉面积为 128 万亩。

渭河含沙量较大的支流是葫芦河、泾河和北洛河等，年输沙量分别为 0.66 亿 t、3.09

亿 t、0.97 亿 t。河道径流含沙量大，一直以来都是渭河流域河道治理的难点，水流含沙量过大带来的最大问题就是淤积抬高河床高度，威胁两岸的安全，给渭河河道治理带来困扰，也给两岸水利水电工程的建设和管理带来安全隐患。

本书的研究重点是渭河流域的上游和中游，上游水文代表站选林家村站，中游水文代表站选西安站。

2.2 陕西省气候概况

陕西省属于内陆型季风气候，冬季气候寒冷，降水较少；春季气温起伏较大，多风沙天气；夏季气候炎热，多短时暴雨；秋季凉爽，空气较湿润，多有阴雨天气。按照其气候特点，全省可以被划分为三个主要气候区：陕北温带、暖温带半干旱区，关中暖温带半湿润区，陕南亚热带湿润区。全省多年平均气温为 5.9～15.7℃，自南向北、自东向西呈降低趋势。7 月平均气温最高，最高气温达到 45.2℃；而 1 月平均气温最低，最低气温低至 −32℃。

全省多年平均降水量为 676.4mm，其中陕北为 463.4mm，关中为 670.9mm，陕南为 925.3mm。总的变化规律是由南向北逐渐递减，陕南米仓山为降水最高值区域，年降水量保持在 1800mm 以上；陕北风沙区西南部为降水最低值区域，年降水量不足 300mm。全省年水面蒸发量保持在 700～1400mm，陕北为 1000～1400mm，关中为 900～1200mm，陕南为 800～900mm。蒸发量在地域变化上的规律是南部小于北部，山区小于平原。陕北风沙区水面蒸发量最大，高达 1400mm；最小的是秦巴山地，约 700mm。

水面蒸发量的年内变化特点是：以秦岭为界，以北区域冬季水面蒸发量最小，春季随气温升高，蒸发量也随之增加，但春季降水较少，所以常有春旱现象发生。而春末夏初，蒸发量迅速增加，到 6 月会出现最大月蒸发，此时工农业生产需水量大，而土壤水分已经枯竭，同时河流也蒸发掉大量的水分，其水分的缺乏直接影响工农业的生产。到 7 月，虽然气温最高，但有充足的降水，空气含水量大，故蒸发量反而递减。之后随着气温的下降，蒸发量减小，9 月阴雨天气较多，蒸发量持续减小。陕南年内各月的蒸发量均低于陕北和关中，而且最大值出现的时间相对于陕北和关中推迟了一个月左右，7 月为最大值月，6—8 月为蒸发量最大的三个月。

2.3 陕西省水资源概况

陕西省境内主要有黄河、长江两大水系，全省多年平均年降水量为 676.4mm，地表平均年径流量为 425.8 亿 m³，水资源总量为 445 亿 m³，居全国第 19 位。全省人均水资源量为 1280m³，人均、亩均水资源占有量分别只占全国平均水平的 54% 和 42%，水资源形式非常严峻。同时其水资源在时空分布上严重不均，在时间分布上，降水量分布极不均匀，全省年降水量的 60%～70% 集中在 7—10 月，造成汛期洪灾频繁发生，而春夏两季多发旱情；在地域分布上，以秦岭为划分界限，秦岭以南的长江流域，面积占全省的 36.7%，其水资源量却占到全省水资源总量的 71%；而秦岭以北的黄河流域，面积占全省的 63.3%，但水资源量仅占全省的 29%，这使得关中、陕北的水资源更加紧缺。陕北人均水资源占有量仅有 890m³/人，远远低于国际社会公认的最低需水线 1800m³/人，其关中平原作为陕西省人口最密集、经济最发达的区域，其人均和亩均水资源量分别只有 380m³/人、250m³/亩，仅相当于全国平均水平的 1/8 和 1/6，远低于绝对缺水线。其水资源的匮乏严重阻碍陕西西部大开发计划的实施，制约陕西省经济的发展和人民的正常生活。

陕西省总面积为 20.56 万 km²，其中黄河流域为 13.33 万 km²，占全省总面积的 64.8%；长江流域为 7.23 万 km²，占全省总面积的 35.2%。据《2016 年陕西省水资源公报》，2016 年陕西省平均年降水量为 626.2mm，其中黄河流域年平均降水量为 542.3mm。2016 年西安市、宝鸡市、咸阳市降水量分别为 656.4mm、560.3mm、409.0mm。

渭河是黄河的一大支流，2016 年渭河年径流量为 51.99 亿 m³，年径流深为 38.6mm，其中西安市、宝鸡市、咸阳市径流深分别为 149.8mm、93.8mm、19.6mm。

2016 年陕西省水资源总量为 271.48 亿 m³，比多年平均减少了 35.9%，其中：地表水资源量为 249.17 亿 m³，地下水资源量为 107.39 亿 m³，地下水资源与地表水资源重复计算量为 85.08 亿 m³。2016 年西安市、宝鸡市、咸阳市水资源总量分别为 18.02 亿 m³、20.09 亿 m³、3.84 亿 m³。陕西省按流域分区，黄河流域水资源总量为 87.32 亿 m³；长江流域水资源总量为 184.16 亿 m³。

第 3 章

气象水文序列趋势突变研究方法

3.1 线性趋势法

利用气象要素的时间序列，以气象要素作为因变量，时间序列作为自变量建立一元回归方程，即直线方程，其直线即可以表示出气象要素的时间序列的变化趋势。假设气象要素序列为 y，时间序列为 t，建立 y 与 t 之间的一元线性方程，则其表达式为

$$y'(t) = b_0 + b_1 t \tag{3.1}$$

其中

$$b_1 = \frac{\mathrm{d}y'(t)}{\mathrm{d}t} \tag{3.2}$$

$$b_1 = \frac{\sum\limits_{i=1}^{n}(y_i - \bar{y})(t_i - \bar{t})}{\sum\limits_{i=1}^{n}(t_i - \bar{t})^2} \tag{3.3}$$

气象要素的变化可以由 b_1 的大小来表示，b_1 的绝对值可以反映气象要素的变化速率，b_1 的符号可以反映出气象要素的变化趋势，$b_1 < 0$ 表示气象要素呈现下降的趋势，$b_1 > 0$ 则表示气象要素呈现上升的趋势。

3.2 距平法

距平是表示某变量偏离样本平均值时常用的量，指一系列数值 x_1，x_2，x_3，…，x_n 与其平均值之差，即 $x_i - \bar{x}$。气象变量序列的距平序列也就是 $x_1 - \bar{x}$，$x_2 - \bar{x}$，$x_3 - \bar{x}$，…，$x_n - \bar{x}$。在气象要素的特征分析中，气象因素观测数据常可以被转换成距平序列，距平值可为正值也可为负值，任何气象变量序列经过距平化处理后都可以转化为数列和为 0 的序列，这种分析处理方法的优点是较为简单方便，能得出更为直观的计算结果。

3.3 累积距平法

累积距平法是依据距平法的一种分析气象要素序列的变化趋势方法。对于某气象要素的时间序列 x_1，x_2，…，x_n，它在某时刻累积距平的计算公式为

$$y_t = \sum_{i=1}^{t} (x_i - \bar{x}) \quad (t = 1, 2, \cdots, n) \tag{3.4}$$

式中　x_i——气象要素在 $t = i$ 时时间序列的取值；

　　　$\bar{x}$——气象要素时间序列的平均值。

根据式（3.4）求得序列每个时刻对应的累积距平值，就可以绘制出序列累积距平曲线。累积距平曲线的起伏变化程度，不仅可以显示序列的变化趋势，有时候还能判断出突变的大概时间。

3.4　Kendall 非参数秩次相关检验法

目前，Kendall 非参数秩次相关检验法已经广泛应用于水文气象资料（包括气温、降水量、蒸发量、径流量和水质序列等）的趋势检验中，相对于传统的检验法，该参数检验法更适用于实际序列的非正态分布或经过删减（删去远远高于或低于均值的观测值）的资料。

Kendall 非参数秩次相关检验法中，对于序列 $x_i - x_1, x_2, \cdots, x_n$，首先要确定所有对偶值（$x_i, x_j; j > i, i = 1, 2, \cdots, n-1; j = 2, 3, \cdots, n$）中 x_i 与 x_j 的大小关系（设为 τ）。Kendall 非参数秩次相关检验的统计量为

$$U_{MK} = \begin{cases} \dfrac{\tau - 1}{[Var(\tau)]^{1/2}}, & \tau > 0 \\ 0, & \tau = 0 \\ \dfrac{\tau + 1}{[Var(\tau)]^{1/2}}, & \tau < 0 \end{cases} \tag{3.5}$$

其中

$$\tau = \sum_{i=1}^{n-1} \sum_{j=i+1}^{n} \operatorname{sgn}(x_j - x_i) \tag{3.6}$$

$$\operatorname{sgn}(\theta) = \begin{cases} 1, & \theta > 0 \\ 0, & \theta = 0 \\ -1, & \theta < 0 \end{cases} \tag{3.7}$$

$$Var(\tau) = \frac{n(n-1)(2n+5)}{18} \tag{3.8}$$

当 $n > 10$ 时，U_{MK} 收敛于标准正态分布。

在显著性水平 α 条件下，临界值 $U_{\alpha/2}$ 在正态分布表（见附表 1）中可以查到，当 $|U_{MK}| > U_{\alpha/2}$ 时拒绝原假设，表示序列的变化趋势显著；当 $|U_{MK}| < U_{\alpha/2}$ 时接受原假设，表示序列的变化趋势不显著；$|U_{MK}|$ 值越大，表示序列的趋势性变化越显著。

3.5　Mann－Kendall 突变检验法

Mann－Kendall 突变检验法检验的前提是气象要素序列平稳，且序列是相互独立的。

设某气象要素序列为 $x_1, x_2, \cdots, x_n$，秩序列 S_k 表示第 i 个样本 x_i 大于第 j 个样本

$x_j (1 \leqslant j \leqslant i)$ 的累积数，其计算公式为

$$S_k = \sum_{i=1}^{k} r_i \qquad (2 \leqslant k \leqslant n) \tag{3.9}$$

其中

$$r_i = \begin{cases} +1 & \text{当 } x_i > y_i \\ 0 & \text{当 } x_i \leqslant y_i \end{cases} \qquad (1 \leqslant j \leqslant i) \tag{3.10}$$

$$E(S_k) = \frac{n(n-1)}{4} \tag{3.11}$$

$$Var(S_k) = \frac{n(n-1)(2n-5)}{72} \tag{3.12}$$

$E(S_k)$ 和 $Var(S_k)$ 分别表示秩序列 S_k 的均值和方差。假定原序列的所有样本是随机独立的，对 S_k 进行标准化计算：

$$UF_k = \frac{[S_k - E(S_k)]}{\sqrt{Var(S_k)}} \qquad (1 \leqslant k \leqslant n) \tag{3.13}$$

式中的 UF_k 符合标准正态分布的序列，它是根据时间序列 x_1，x_2，$\cdots$，x_n 计算得出的统计量序列。

按时间序列 x 的逆序列 x_n，x_{n-1}，$\cdots$，x_1 再重复上述过程，同时使得

$$UB_k = -\frac{[S_k - E(S_k)]}{\sqrt{Var(S_k)}} \qquad (1 \leqslant k \leqslant n) \tag{3.14}$$

式中：$k = n$，$n-1$，$\cdots$，1；$UB_1 = 0$。

计算得出 UF_k 和 UB_k 后，在特定的显著性水平下，将查标准正态分布表（附表 1）所得的显著性信度线及 UF_k 和 UB_k 曲线绘制在同一张图上。在 UF_k 和 UB_k 曲线图中，当 UF_k 超过上临界值或下临界值时，且 UF_k 和 UB_k 两条曲线在显著性信度线之间有交点，则序列发生了突变。UF_k 和 UB_k 的交点就是突变的开始，UF_k 曲线最终超过上临界值时，表示序列发生了增多的突变；UF_k 最终下降低于下临界值时，则表示序列发生了减少的突变。若 UF_k 和 UB_k 两条曲线始终没有超过信度线或没有交点，则认为没有发生突变。

3.6　滑动 T 检验法

滑动 T 检验法是根据 T 检验法对序列的子序列的均值是否存在显著性差异来分析序列的突变情况。T 检验法的原理是：设序列的两个子序列分别为 $F_1(x)$ 和 $F_2(x)$，$F_1(x)$ 和 $F_2(x)$ 中的样本分别为 n_1 和 n_2，则

$$T = \frac{\overline{x_1} - \overline{x_2}}{S_w \left(\dfrac{1}{n_1} + \dfrac{1}{n_2} \right)^{\frac{1}{2}}} \tag{3.15}$$

其中

$$\overline{x_1} = \frac{1}{n_1} \sum_{t=1}^{n_1} x_t \ , \ \overline{x_2} = \frac{1}{n_2} \sum_{t=n_1+1}^{n_1+n_2} x_t \tag{3.16}$$

$$S_w^2 = \frac{(n_1-1)S_1^2 + (n_2-1)S_2^2}{n_1 + n_2 - 2} \tag{3.17}$$

$$S_1^2 = \frac{1}{(n_1 - 1)} \sum_{t=1}^{n_1} (x_t - \overline{x_1})^2 \tag{3.18}$$

$$S_2^2 = \frac{1}{(n_2 - 1)} \sum_{t=n_1+1}^{n_1+n_2} (x_t - \overline{x_2})^2 \tag{3.19}$$

统计量 T 服从 $t(n_1 + n_2 - 2)$ 分布，在特定显著性水平 α 条件下，临界值 $t_{a/2}$ 可以查 t 检验分布表（见附表 2）。当 $T > t_{a/2}$ 时拒绝原假设，序列存在显著性突变；当 $T < t_{a/2}$ 时接受原假设，序列中不存在显著性突变。

3. 7　Yamamoto 检验法

Yamamoto 检验法是从气象信息与气象噪声两部分来判定突变。对于时间序列 x，人为设置某一时刻作为基准点，基准点前后样本量分别为 n_1 和 n_2，两段序列 x_1 和 x_2 的均值为 $\overline{x_1}$ 和 $\overline{x_2}$，标准差为 s_1 和 s_2。

定义信噪比为

$$SNR = \frac{|\overline{x_1} - \overline{x_2}|}{s_1 + s_2} \tag{3.20}$$

两段子序列的均值差的绝对值为气象变化的信号，而它们的变率则视为噪声。当 $SNR > 1.0$ 时，认为有突变发生；当 $SNR > 2.0$ 时，则认为有强突变发生。

第4章

渭河流域上游气象因子变化特征分析

　　河川径流过程是气候条件、人类活动与流域下垫面综合作用的产物，水文站点观测到径流过程实际上同时包含了气候变化、人类活动与下垫面等多方面的信息。河川径流受气候变化和人类活动的共同影响，同时人类活动对气候也产生了影响，因此，河川径流与气候代表的自然系统与人类活动代表的社会系统是交织在一起的，两者相互影响。

　　本章采用的数据资料为渭河流域上游气象站 1956—2008 年日平均气温、日平均降水和水文站日天然径流资料，其中气象资料来源于中国气象科学数据共享网。数据资料按月、四季、年、年际进行整理，个别缺失的数据按照线性回归法进行插补；四季按春季为3—5月、夏季为6—8月、秋季为9—11月、冬季为12月至翌年2月划分。

4.1　渭河流域上游气温变化趋势分析

4.1.1　年际气温变化

　　收集整理 1956—2008 年渭河流域上游几个气象站的年平均气温资料，见表 4.1 和图 4.1。从图表中可看出，渭河流域上游 53 年来的平均气温有所波动，总体呈现出显著的上升趋势，多年平均气温为 13.2℃，年平均气温变化率为 0.244℃/10a。最高年平均气温出现在 2002 年，为 14.5℃，比平均值偏高 1.3℃；最低年平均气温出现在 1967 年，为 12.0℃，比平均值偏低 1.2℃。

表 4.1　　　　　　　　　　　　　　渭河流域上游年平均气温

年份	年平均气温/℃	年份	年平均气温/℃	年份	年平均气温/℃
1956	12.4	1965	12.9	1974	12.8
1957	12.8	1966	13.4	1975	12.6
1958	12.8	1967	12.0	1976	12.3
1959	13.2	1968	12.7	1977	13.5
1960	13.4	1969	12.9	1978	13.3
1961	13.2	1970	12.6	1979	13.4
1962	13.00	1971	12.8	1980	12.7
1963	12.4	1972	12.7	1981	13.0
1964	12.3	1973	13.5	1982	13.2

年份	年平均气温/℃	年份	年平均气温/℃	年份	年平均气温/℃
1983	12.8	1992	12.7	2001	13.9
1984	12.3	1993	12.5	2002	14.5
1985	12.7	1994	13.7	2003	13.6
1986	13.2	1995	14.1	2004	13.6
1987	13.5	1996	13.2	2005	13.5
1988	13.0	1997	14.0	2006	13.5
1989	12.8	1998	14.2	2007	14.5
1990	13.3	1999	14.0	2008	13.8
1991	13.3	2000	13.8		

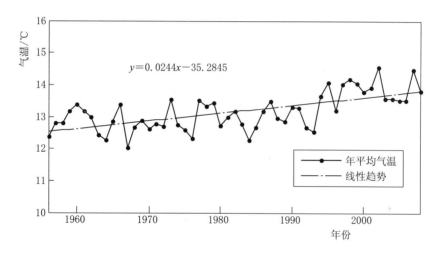

图 4.1　渭河流域上游年平均气温

4.1.2　年代际气温变化

　　20 世纪 50 年代（1956—1959 年），渭河流域上游气温均值为 12.8℃，60 年代（1960—1969 年）均值为 12.8℃，70 年代（1970—1979 年）均值为 13.0℃，80 年代（1980—1989 年）均值为 12.9℃，90 年代（1990—1999 年）均值为 13.5℃，21 世纪初（2000—2008 年）均值为 13.9℃，见表 4.2。其年平均气温变差系数为 0.0445，20 世纪 50 年代到 21 世纪初的气温变差系数 C_v 值分别为 0.0256、0.0336、0.0349、0.0256、0.0443、0.0284，变差系数处于先增加后减小、又增加、又减小的变动过程，说明各年气温相对于各年代气温均值的离散程度不同。

　　渭河流域上游 20 世纪 50 年代年平均气温距平值为 −0.4℃，60 年代为 −0.4℃，70 年代为 −0.2℃，80 年代为 −0.3℃，90 年代为 0.3℃，2000—2008 年为 0.7℃。90 年代之前各年代的平均气温均低于多年平均气温，而 90 年代及之后的平均气温高于多年平均气温。90 年代平均气温最高，变差系数也最大，90 年代各年份气温波动最大。

4.1.3 季节气温变化

渭河流域上游不同年代四季及多年平均气温见表 4.3 和图 4.2，春、夏、秋、冬四季平均气温随着年代的变化高低起伏变化。渭河流域上游四季气温长期变化趋势如图 4.3～图 4.6 所示。由图表可以看出，近 53 年来四季气温都呈波动上升趋势，但四季气温上升趋势有一定差异性；冬季气温上升趋势最为明显，气温增加速率为 0.354℃/10a；春季气温次之，气温上升速率为 0.339℃/10a；秋季气温上升速率为 0.214℃/10a；夏季气温同样呈上升趋势，上升速率相对于其他三个季节均较小，为 0.064℃/10a，上升趋势并不明显。

表 4.2　　　　　　　　　渭河流域上游各年代平均气温及距平

年　代	平均气温/℃	距平/℃	年　代	平均气温/℃	距平/℃
1956—1959 年	12.8	−0.4	90	13.5	0.3
60	12.8	−0.4	2000—2008 年	13.9	0.7
70	13.0	−0.2	多年平均	13.2	
80	12.9	−0.3			

表 4.3　　　　　　　　　渭河流域上游四季及多年平均气温

年　代	气温/℃				
	春季	夏季	秋季	冬季	平均
1956—1959 年	13.6	24.2	12.7	1.2	12.8
60	13.3	24.8	12.5	0.5	12.8
70	13.4	24.7	12.7	1.1	13.0
80	13.5	23.8	13.0	1.4	12.9
90	13.9	24.9	13.4	1.9	13.5
2000—2008 年	15.1	24.9	13.3	2.3	13.9

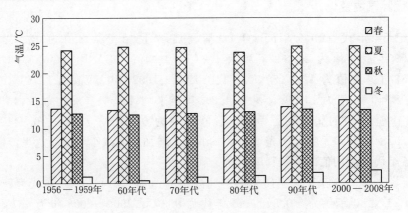

图 4.2　渭河流域上游四季气温

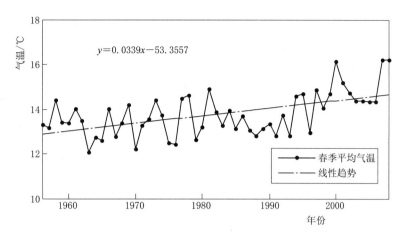

图 4.3　渭河流域上游春季气温变化

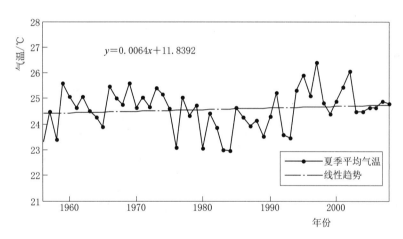

图 4.4　渭河流域上游夏季气温变化

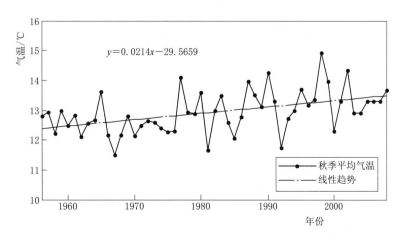

图 4.5　渭河流域上游秋季气温变化

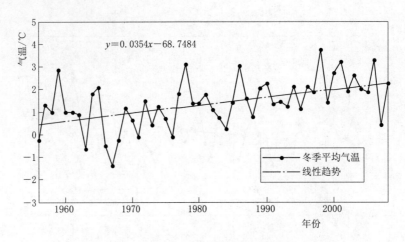

图 4.6 渭河流域上游冬季气温变化

4.1.4 气温变化的显著性检验

利用 Kendall 非参数秩次相关检验法对 1956—2008 年 53 年间渭河流域上游年平均气温及四季气温资料进行分析,当 $n=53$,信度水平 α 分别为 0.1、0.05 和 0.01 时,$U_{\alpha/2}$ 的值分别为 1.645、1.960 和 2.576,由式(3.5)~式(3.8)计算得出其全年的 U_{MK} 的值为 4.418,绝对值大于最严格的信度水平 α 为 0.01 时,$U_{\alpha/2}$ 的值为 2.576,表明年平均气温呈显著上升趋势。渭河流域上游春、夏、秋、冬四季的统计量 U_{MK} 的值分别为 3.467、0.499、3.467、4.019,冬季的 U_{MK} 最大,说明冬季气温上升趋势最为显著,春季和秋季上升趋势较显著,而夏季呈不显著的递增趋势,这与前面的分析结果一致,具体见表 4.4。

表 4.4   渭河流域上游年平均气温及四季平均气温变化趋势显著性检验

项　目	Kendall 非参数秩次相关检验统计量 U_{MK}	$U_{0.1/2}=1.645$ 是否通过信度水平 $\alpha=0.1$ 的显著性检验	$U_{0.05/2}=1.960$ 是否通过信度水平 $\alpha=0.05$ 的显著性检验	$U_{0.01/2}=2.576$ 是否通过信度水平 $\alpha=0.01$ 的显著性检验
年平均气温	4.418	通过	通过	通过
春季平均气温	3.467	通过	通过	通过
夏季平均气温	0.499	未通过	未通过	未通过
秋季平均气温	3.467	通过	通过	通过
冬季平均气温	4.019	通过	通过	通过

4.2 渭河流域上游气温突变分析

4.2.1 累积距平法检验

根据渭河流域上游 1956—2008 年年平均气温资料,由式(3.4)可得出年平均气温各年的累积距平，可绘制累积距平曲线，如图 4.7 所示。

从图中可以看出，年平均气温在 1956—1993 年处于波动下降的变化过程，1993 年以后气温迅速上升，说明年平均气温在 1993 年可能发生了突变。春、夏、秋、冬四季气温累积距平曲线分析结果如图 4.8～图 4.11 所示，从图中可知，春季平均气温在 1993 年发生了突变，夏季平均气温在 1975 年和 1995 年发生突变，秋季平均气温在 1986 年发生突变，冬季平均气温在 1976 年和 1985 年发生突变。

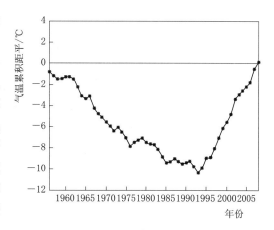

图 4.7　渭河流域上游年平均气温累积距平曲线

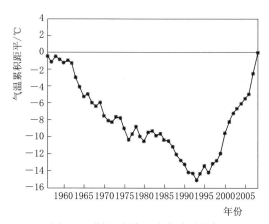

图 4.8　渭河流域上游春季平均气温累积距平曲线

图 4.9　渭河流域上游夏季平均气温累积距平曲线

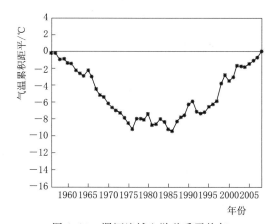

图 4.10　渭河流域上游秋季平均气温累积距平曲线

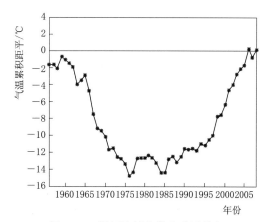

图 4.11　渭河流域上游冬季平均气温累积距平曲线

4.2.2　Mann‐Kendall 突变检验

采用 Mann‐Kendall 突变检验法，由式（3.9）～式（3.14），根据渭河流域上游 1956—2008 年 53 年间年平均气温以及春、夏、秋、冬四季平均气温资料计算出 UF_k 和 UB_k，年平均气温及四季平均气温的 UF 和 UB 曲线如图 4.12～图 4.16 所示。

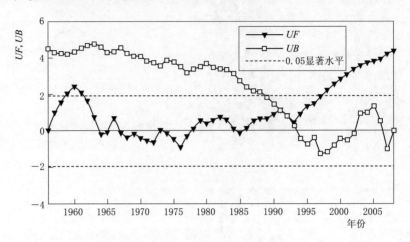

图 4.12　渭河流域上游年平均气温 Mann‐Kendall 突变检验曲线

从图 4.12 可以看出，UF 和 UB 曲线 1993 年在 0.05 临界线（$U_{0.05} = \pm 1.96$）范围内有交点，在 1993 年之后，UF 线位于零线以上，根据 Mann‐Kendall 突变检验理论，表明气温处于上升的趋势，到 1998 年，气温 UF 曲线超过了 0.05 临界线（$U_{0.05} = 1.96$），表明流域年平均气温上升趋势明显，年平均气温在 1993 年发生了突变。

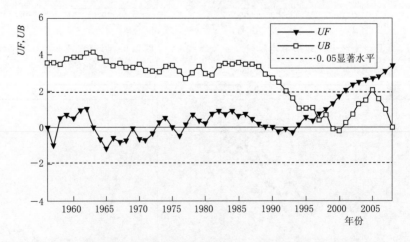

图 4.13　渭河流域上游春季平均气温 Mann‐Kendall 突变检验曲线

从图 4.13 可以看出，春季平均气温 UF 和 UB 曲线 1996 年在 0.05 临界线（$U_{0.05} = \pm 1.96$）范围内有交点，在 1996 年之前其气温变化不是很显著，1996 年之后，UF 线位于零线以上，表明气温呈上升的趋势，到 2000 年，气温 UF 曲线超过了 0.05 临界线（$U_{0.05} = 1.96$），表明渭河流域春季平均气温上升趋势明显，在 1996 年发生了突变。

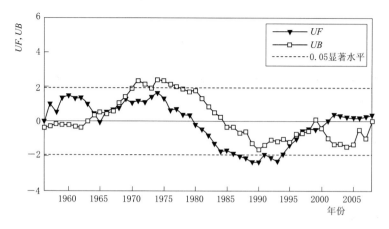

图 4.14 渭河流域上游夏季平均气温 Mann‐Kendall 突变检验曲线

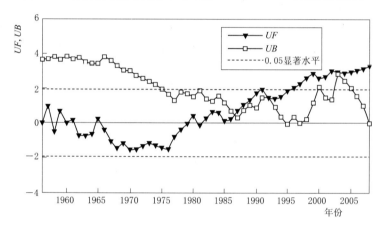

图 4.15 渭河流域上游秋季平均气温 Mann‐Kendall 突变检验曲线

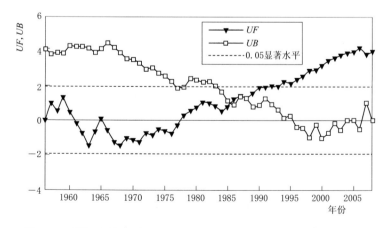

图 4.16 渭河流域上游冬季平均气温 Mann‐Kendall 突变检验曲线

从图 4.14 可以看出，夏季平均气温 UF 和 UB 曲线在 1956—2008 年间在 0.05 临界线（$U_{0.05} = \pm 1.96$）范围内多次相交有多个交点，说明气温发生了波动，多个交点都在信度线之间，但 UF、UB 值均没有超过信度线范围，说明夏季平均气温的变化不显著，根据

Mann‑Kendall 突变检验理论，夏季平均气温不存在突变现象。

从图 4.15 可以看出，秋季平均气温 UF 和 UB 曲线 1986 年在 0.05 临界线（$U_{0.05} = \pm 1.96$）范围内有交点，在 1986 年之后，UF 线位于零线以上，表明气温变化呈上升的趋势，到 1996 年，气温 UF 曲线超过了 0.05 临界线（$U_{0.05} = 1.96$），表明渭河流域上游秋季平均气温上升趋势明显，在 1986 年发生了突变。

从图 4.16 可以看出，冬季平均气温 UF 和 UB 曲线在 1987 年产生交点，在 1987 年突变之后，UF 线位于零线以上，表明气温呈上升的趋势，到 1994 年，气温 UF 曲线超过了 0.05 临界线（$U_{0.05} = 1.96$），表明渭河流域上游冬季平均气温上升趋势明显，在 1987 年发生了突变。

4.2.3 滑动 T 检验

采用滑动 T 检验法，对渭河流域上游 1956—2008 年 53 年间年平均以及春、夏、秋、冬四季平均气温做等级为 $n_1 = n_2 = 5$、$n_1 = n_2 = 7$、$n_1 = n_2 = 10$ 的滑动 T 检验，根据式（3.15）～式（3.19）计算统计量 T，滑动 T 检验结果如图 4.17～图 4.21 所示。设定的显

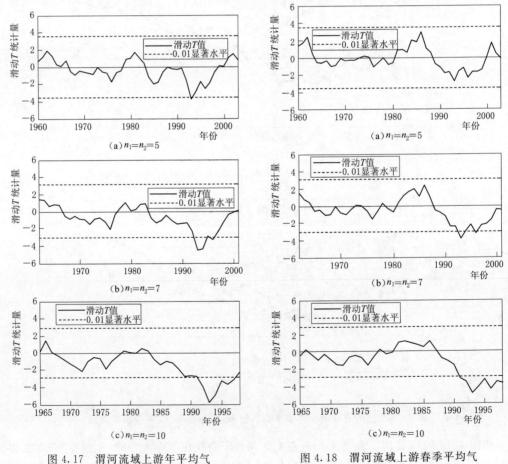

图 4.17 渭河流域上游年平均气温滑动 T 检验曲线

图 4.18 渭河流域上游春季平均气温滑动 T 检验曲线

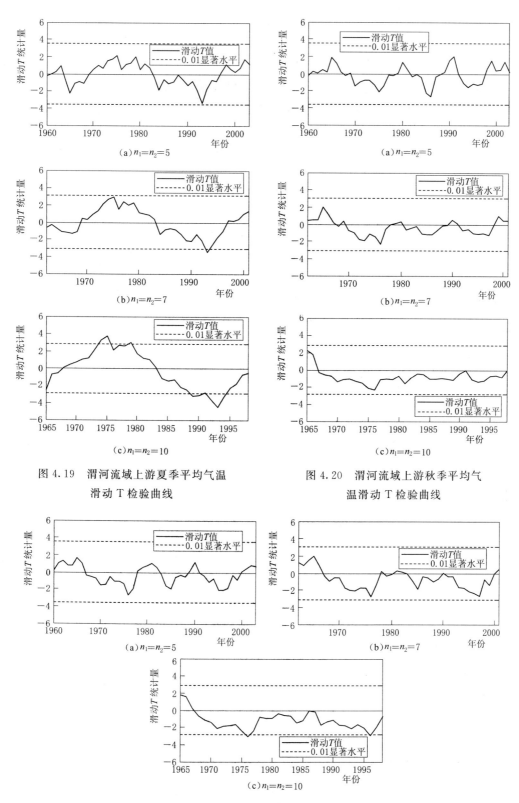

图 4.19　渭河流域上游夏季平均气温
　　　　滑动 T 检验曲线

图 4.20　渭河流域上游秋季平均气
　　　　温滑动 T 检验曲线

图 4.21　渭河流域上游冬季平均气温滑动 T 检验曲线

著性水平 $\alpha = 0.01$，则 $n_1 = n_2 = 5$、$n_1 = n_2 = 7$、$n_1 = n_2 = 10$ 对应的临界值分别为 3.355、3.055、2.878，根据滑动 T 检验理论，T 值超过临界值即表明可能为突变点。图 4.17～图 4.21 中，上下虚线分别表示 $\alpha = 0.01$ 时的临界值。

由图 4.17 可知，当 $n_1 = n_2 = 5$ 时，年平均气温 T 值在 1993 年超过了负临界线 -3.355；当 $n_1 = n_2 = 7$ 时，年平均气温 T 值在 1993 年、1994 年、1996 年超过了负临界线 -3.055；当 $n_1 = n_2 = 10$ 时，年平均气温 T 值在 1992—1997 年超过了负临界线 -2.878。表明渭河流域上游年平均气温在 1993—1994 年出现了由冷到暖的突变。

由图 4.18 可知，当 $n_1 = n_2 = 5$ 时，春季平均气温 T 值没有超过正负临界线；当 $n_1 = n_2 = 7$ 时，春季平均气温 T 值在 1993 年、1996 年超过了负临界线 -3.055；当 $n_1 = n_2 = 10$ 时，春季平均气温 T 值在 1991—1998 年均超过了负临界线 -2.878。综合分析表明渭河流域上游春季平均气温在 1993 年、1996 年出现了由冷到暖的突变。

由图 4.19 可知，当 $n_1 = n_2 = 5$ 时，夏季平均气温 T 值没有超过正负临界线；当 $n_1 = n_2 = 7$ 时，夏季平均气温 T 值在 1993 年超过了负临界线 -3.055；当 $n_1 = n_2 = 10$ 时，夏季平均气温 T 值在 1974—1975 年超过了正临界线 2.878，在 1992—1994 年均超过了负临界线 -2.878。表明渭河流域上游夏季平均气温在 1975 年出现了由暖到冷的突变，在 1993 年出现了由冷到暖的突变。

由图 4.20 可知，当 $n_1 = n_2 = 5$、$n_1 = n_2 = 7$、$n_1 = n_2 = 10$ 时，秋季平均气温 T 值均没有超过临界线，表明渭河流域上游秋季平均气温没有发生突变。

由图 4.21 可知，当 $n_1 = n_2 = 5$、$n_1 = n_2 = 7$ 时，冬季平均气温 T 值都没有超过临界线；当 $n_1 = n_2 = 10$ 时，冬季平均气温 T 值在 1976 年略微超过了负临界线 -2.878。表明渭河流域上游冬季平均气温在 1976 年出现了由冷到暖的突变。

4.2.4 Yamamoto 检验

应用 Yamamoto 检验法对渭河流域上游 1956—2008 年 53 年间年平均以及春、夏、秋、冬四季平均气温做等级为 $n_1 = n_2 = 5$、$n_1 = n_2 = 7$、$n_1 = n_2 = 10$ 的突变检验。据式（3.20）计算统计量 SNR，检验结果如图 4.22～图 4.26 所示。设定的显著性水平 $\alpha = 0.01$，SNR 值大于临界线 1.0 时即表明该点

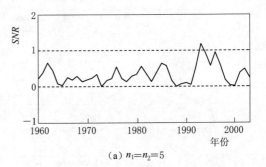

(a) $n_1 = n_2 = 5$

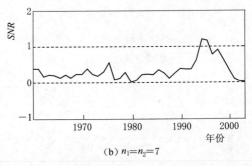

(b) $n_1 = n_2 = 7$

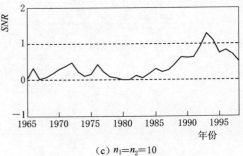

(c) $n_1 = n_2 = 10$

图 4.22 渭河流域上游年平均气温
Yamamoto 检验曲线

可能为突变点。

由图 4.22 可知，当 $n_1 = n_2 = 5$ 时，年平均气温序列的 SNR 值在 1994 年超过了临界线 1.0；当 $n_1 = n_2 = 7$ 时，年平均气温序列的 SNR 值在 1993 年、1994 年超过了临界线 1.0；当 $n_1 = n_2 = 10$ 时，年平均气温序列的 SNR 值在 1993 年、1994 年超过了临界线 1.0。综合分析表明渭河流域上游年平均气温在 1993—1994 年发生了突变。

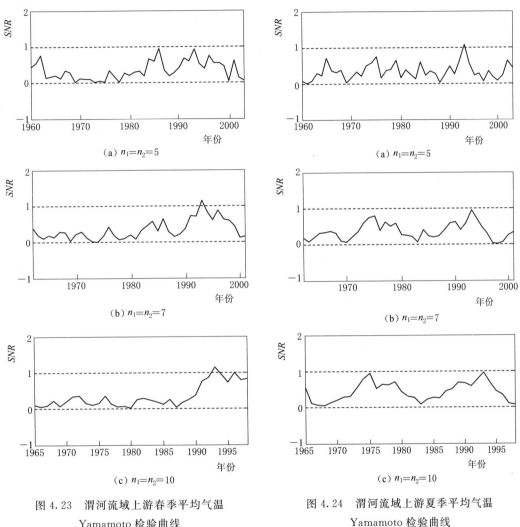

图 4.23　渭河流域上游春季平均气温　　　图 4.24　渭河流域上游夏季平均气温
　　　　　Yamamoto 检验曲线　　　　　　　　　　Yamamoto 检验曲线

由图 4.23 可知，当 $n_1 = n_2 = 5$ 时，春季平均气温序列的 SNR 值没有超过临界线 1.0；当 $n_1 = n_2 = 7$ 时，春季平均气温序列的 SNR 值在 1993 年超过了临界线 1.0；当 $n_1 = n_2 = 10$ 时，春季平均气温序列的 SNR 值在 1993 年超过了临界线 1.0。表明渭河流域上游春季平均气温在 1993 年发生了突变。

由图 4.24 可知，当 $n_1 = n_2 = 5$ 时，夏季平均气温序列的 SNR 值在 1993 年超过了临界线 1.0；当 $n_1 = n_2 = 7$ 和 $n_1 = n_2 = 10$ 时，夏季平均气温序列的 SNR 值均没有超过临界线 1.0。表明渭河流域上游夏季平均气温在 1993 年发生了突变。

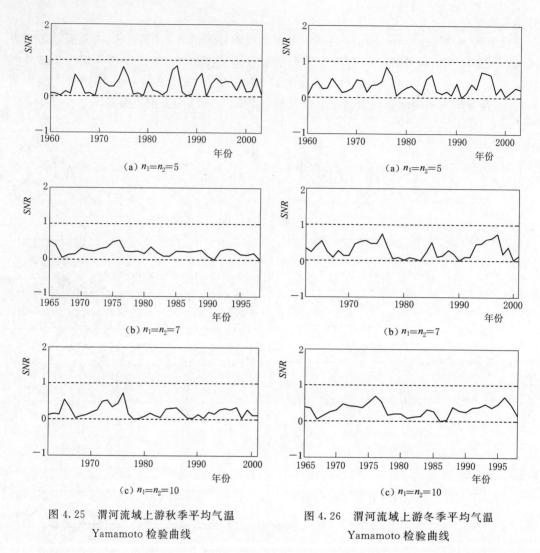

图 4.25　渭河流域上游秋季平均气温　　图 4.26　渭河流域上游冬季平均气温

Yamamoto 检验曲线　　　　　　　　Yamamoto 检验曲线

　　由图 4.25 可知，当 $n_1=n_2=5$、$n_1=n_2=7$、$n_1=n_2=10$ 时，秋季平均气温序列的 SNR 值均没有超过临界线 1.0，表明渭河流域上游秋季平均气温在 1956—2008 年都没有发生突变。

　　由图 4.26 可知，当 $n_1=n_2=5$、$n_1=n_2=7$、$n_1=n_2=10$ 时，冬季平均气温序列的 SNR 值均没有超过临界线 1.0，表明渭河流域上游冬季平均气温在 1956—2008 年都没有发生突变。

4.2.5　气温突变综合分析

　　通过累积距平法、Mann-Kendall 突变检验法、滑动 T 检验法、Yamamoto 检验法对渭河流域上游 1956—2008 年年平均气温及春、夏、秋、冬四季气温资料进行突变检验，为了保证突变检验的准确性和可信度，将四种方法结合起来进行综合分析，至少两种方法同时显示出突变则判定为突变点，结果见表 4.5。通过综合分析可知，年平均气温在

1993—1994年发生了由冷到暖的突变；春季平均气温在1993年和1996年发生了由冷到暖的突变；夏季平均气温在1975年发生了由暖到冷的突变，在1993年发生了由冷到暖的突变；秋季平均气温在1986年发生了由冷到暖的突变；冬季平均气温在1976年发生了由冷到暖的突变。

表4.5　　　　　　　　　　　渭河流域上游年、季节气温突变检验结果

气温	累积距平法	Mann-Kendall 突变检验法	滑动 T 检验法	Yamamoto 检验法	综合分析
年均	1993	1993	1993，1994	1993，1994	1993↑，1994↓
春季	1993	1996	1993，1996	1993	1993↑，1996↑
夏季	1975，1995	/	1975，1993	1993	1975↓，1993↑
秋季	1986	1986	/	/	1986↑
冬季	1976，1985	1987	1976	/	1976↑

注　表中"↑"表示由冷变暖，"↓"表示由暖变冷，"/"表示未检测出突变点。

4.3　渭河流域上游降水变化趋势分析

4.3.1　年际降水特征

由渭河流域上游1956—2008年降水量资料（表4.6）绘制降水量变化曲线，如图4.27所示。从图表可知，降水量总体是呈现递减趋势且其波动较为明显，变化率为−23.628mm/10a，多年平均降水量为659mm，其中最大降水量出现在1981年，为951mm，比平均值偏高292mm；最小降水量出现在1995年，为378mm，比平均值偏低281mm；最大值、最小值和平均值相差较大。

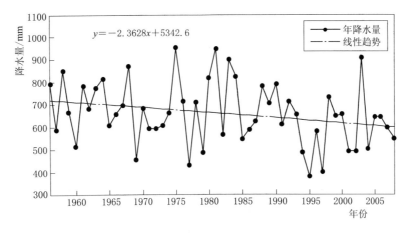

图4.27　渭河流域上游年降水量变化曲线

表 4.6 渭河流域上游年降水量

年份	年降水量/mm	年份	年降水量/mm	年份	年降水量/mm
1956	793	1974	661	1992	713
1957	590	1975	949	1993	653
1958	847	1976	712	1994	487
1959	664	1977	432	1995	378
1960	514	1978	709	1996	582
1961	787	1979	489	1997	396
1962	683	1980	817	1998	734
1963	775	1981	951	1999	647
1964	817	1982	569	2000	656
1965	606	1983	899	2001	491
1966	658	1984	825	2002	491
1967	701	1985	547	2003	909
1968	872	1986	588	2004	500
1969	456	1987	626	2005	646
1970	685	1988	779	2006	646
1971	592	1989	704	2007	591
1972	591	1990	789	2008	548
1973	606	1991	610		

4.3.2 年内降水特征

进一步分析渭河流域上游 1956—2008 年 53 年间多年平均月降水量资料,各月多年平均降水量见表 4.7,渭河流域上游多年平均降水量年内变化曲线如图 4.28 所示。由图表分析可以得出,渭河流域上游降水量最大值出现在 9 月,为 116mm,9 月降水量是个转折点,9 月之前月降水量呈递增趋势,而 9 月之后降水量则呈递减趋势。渭河流域上游多年平均降水量年内分配主要集中在 7—9 月,这三个月的降水量共占年降水量的 53.4%。

表 4.7 渭河流域上游各月多年平均降水量年内分配表

月份	1	2	3	4	5	6	7	8	9	10	11	12
降水量/mm	7	10	26	51	63	75	112	111	116	63	21	5

4.3.3　四季降水变化

渭河流域上游春、夏、秋、冬四季及多年平均降水量分布情况见表 4.8 和图 4.29～图 4.36。从图表可以得出，20 世纪 80 年代年平均降水量最大，达到 61mm；1956—1959 年与 80 年代平均降水量比较接近，为 60mm；90 年代年平均降水量最小，为 50mm。春季降水在 90 年代之前的波动幅度较小，但在 2000—2008 年出现了降水量减小的波动；夏季在 60—70 年代和 90 年代出现了较大的波动；秋季在 60—70 年代波动

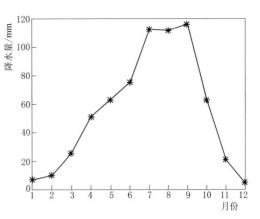

图 4.28　渭河流域上游多年平均
降水量年内变化曲线

较大，其他时间段波动幅度较小；冬季总体波动幅度较小。其多年平均变差系数为 0.2122，6 个年代的降水变差系数 C_v 值分别为 0.1626、0.1939、0.2198、0.1976、0.2330、0.2163，90 年代的降水变差系数 C_v 最大，说明 1990—1999 年这 10 年间降水量与其均值 50mm 的离散程度较大，降水量年际丰枯变化大。

表 4.8　　　　　　　　　　　　　渭河流域上游四季及多年平均降水量

年　代	春季降水量/ /mm	夏季降水量/ mm	秋季降水量/ mm	冬季降水量/ mm	平均降水量/ mm
1956—1959 年	49	142	44	6	60
60 年代	55	84	85	6	57
70 年代	50	83	74	8	54
80 年代	48	122	66	8	61
90 年代	46	94	52	6	50
2000—2008 年	32	96	66	9	51

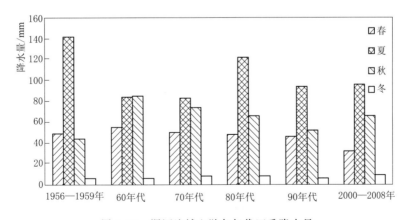

图 4.29　渭河流域上游各年代四季降水量

降水量受季节性影响较大，在季节分布上，降水量的年内变化差异同样比较显著，降水主要集中在夏季，春秋次之，而冬季最少；根据 53 年降水资料统计得出，四季降水量

分别占全年降水量的 21.2%、45.3%、30.3%、3.2%，如图 4.30 所示。

按年代来分析四季降水量占全年降水量的比例，具体如下：

1956—1959 年春、夏、秋、冬四季降水量分别占其年平均降水量的 20.3%、59.2%、18.2% 和 2.3%，夏季最多，其次是春季、秋季和冬季，如图 4.31 所示。

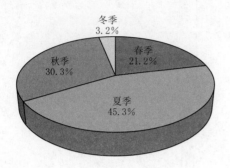

图 4.30 渭河流域上游四季年平均
降水量分配（1956—2008 年）

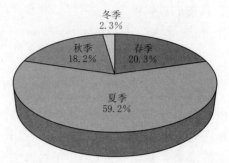

图 4.31 渭河流域上游四季降水
量分布图（1956—1959 年）

60 年代春、夏、秋、冬四季降水量分别占其年平均降水量的 23.8%、36.8%、36.9% 和 2.5%，秋季最多，其次是夏季、春季和冬季，如图 4.32 所示。

70 年代春、夏、秋、冬四季降水量分别占其年平均降水量的 23.2%、38.9%、34.4% 和 3.5%，夏季最多，其次是秋季、春季和冬季，如图 4.33 所示。

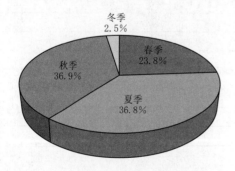

图 4.32 渭河流域上游四季降水量
分布图（60 年代）

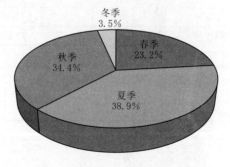

图 4.33 渭河流域上游四季降水量
分布图（70 年代）

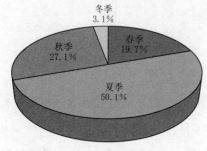

图 4.34 渭河流域上游四季降水量分
布图（80 年代）

80 年代春、夏、秋、冬四季降水量分别占其年平均降水量的 19.7%、50.1%、27.1% 和 3.1%，夏季最多，其次是秋季、春季和冬季，夏季降水占全年降水的比例远远超过 60 年代和 70 年代，如图 4.34 所示。由于 50 年代的数据不全，所以 80 年代的四季降水比例没有与 50 年代的做比较。

90 年代春、夏、秋、冬四季降水量分别占其年平均降水量的 23.2%、47.3%、26.3% 和 3.2%，夏季最多，其次是春季、秋季和冬季，如图 4.35

所示。

2000—2008 年春、夏、秋、冬四季降水量分别占其年平均降水量的 15.8％、47.3％、32.5％和 4.4％，夏季最多，其次是秋季、春季和冬季，如图 4.36 所示。

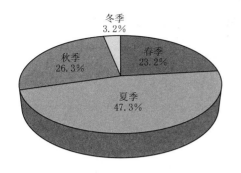

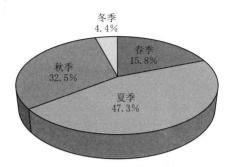

图 4.35　渭河流域上游四季降水
量分布图（90 年代）

图 4.36　渭河流域上游四季降水
量分布图（2000—2008 年）

图 4.37～图 4.40 所示为渭河流域上游春、夏、秋、冬四季降水量变化曲线。从图中可以看出，春季降水量呈递减趋势且其变化趋势最为明显，递减速率为 11.078mm/10a，其波动幅度也比较明显；夏季降水量呈递减趋势，但趋势不显著，递减速率为 5.537mm/10a；秋季降水量呈递减趋势，递减速率为 8.695mm/10a，1975 年前后波动幅度较大；冬季降水量为递增趋势，但其变化趋势并不显著，递增速率为 1.794mm/10a。

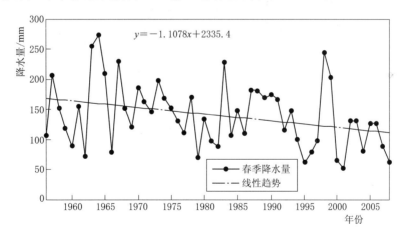

图 4.37　渭河流域上游春季降水量变化曲线

4.3.4　降水变化显著性检验

利用 Kendall 非参数秩次相关检验法对渭河流域上游 1956—2008 年 53 年间年平均及春、夏、秋、冬四季降水量资料进行分析，当 $n=53$，信度水平 α 分别为 0.1、0.05 和 0.01 时，$U_{\alpha/2}$ 的值分别为 1.645、1.960 和 2.576。

经计算，年降水量的 U_{MK} 值为 -1.925，其绝对值大于信度水平 α 为 0.1 时的 $U_{0.1/2}=1.645$，即 $|-1.925|>U_{0.1/2}=1.645$，但小于信度水平较严格的 0.05 和 0.01 的临界值，

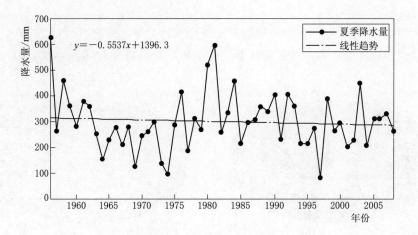

图 4.38 渭河流域上游夏季降水量变化曲线

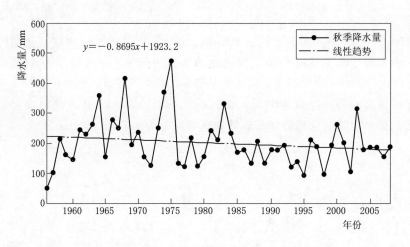

图 4.39 渭河流域上游秋季降水量变化曲线

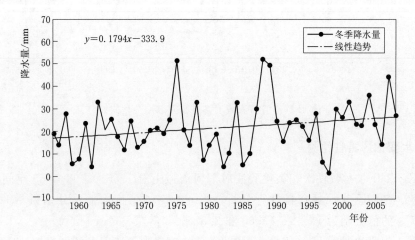

图 4.40 渭河流域上游冬季降水量变化曲线

即 $|-1.925|<U_{0.05/2}=1.960$，$|-1.925|<U_{0.01/2}=2.576$。表明信度水平为 0.1 时，渭河流域上游年降水量递减趋势较为显著，但在信度水平为 0.05 和 0.01 时，未能通过显著性检验。

春季降水量的 U_{MK} 值为 -2.409，通过 α 为 0.1 和 0.05 时的显著性检验，但未能通过 α 为 0.01 时的显著性检验；夏季、秋季、冬季降水量的 U_{MK} 值分别为 -0.169、-1.082、1.580，绝对值均小于三个信度水平的临界值，说明其递增或递减趋势不显著，具体见表 4.9。

表 4.9 　　　　　　渭河流域上游年降水量及四季降水量变化趋势显著性检验

项　目	Kendall 非参数秩次相关检验统计量 U_{MK}	$U_{0.1/2}=1.645$ 是否通过信度水平 $\alpha=0.1$ 的显著性检验	$U_{0.05/2}=1.960$ 是否通过信度水平 $\alpha=0.05$ 的显著性检验	$U_{0.01/2}=2.576$ 是否通过信度水平 $\alpha=0.01$ 的显著性检验
年降水量	-1.925	通过	未通过	未通过
春季降水量	-2.409	通过	通过	未通过
夏季降水量	-0.169	未通过	未通过	未通过
秋季降水量	-1.082	未通过	未通过	未通过
冬季降水量	1.580	未通过	未通过	未通过

4.4　渭河流域上游降水突变分析

4.4.1　累积距平法检验

根据渭河流域上游年降水量资料，由式（3.4）可计算得出年降水量的各年累积距平，即可绘制年降水累积距平曲线，如图 4.41 所示。从图中可以看出，1956—1992 年累积距平曲线呈上升趋势；1992—2008 年降水量偏少，累积距平曲线呈明显下降趋势，表明年降水量在 1992 年发生了减少的突变。春、夏、秋、冬四季降水量的累积距平曲线如图 4.42～图 4.45 所示，由图可知，春季降水量在 1962 年发生了增多的突变，在 1991 年发生了减少的突变；夏季降水量在 1962 年和 1993 年发生了减少的突变，在 1979 年发生了增多的突变；

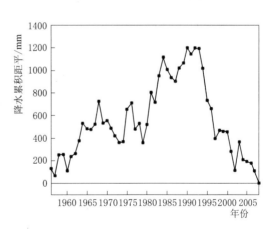

图 4.41　渭河流域上游年降水量累积距平曲线

秋季降水量在 1961 年发生了增多的突变，在 1975 年和 1984 年发生了减少的突变；冬季降水量在 1986 年发生了增多的突变。

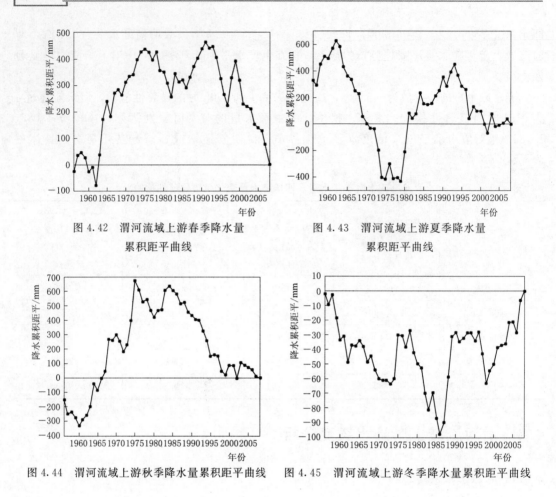

图 4.42 渭河流域上游春季降水量
累积距平曲线

图 4.43 渭河流域上游夏季降水量
累积距平曲线

图 4.44 渭河流域上游秋季降水量累积距平曲线 图 4.45 渭河流域上游冬季降水量累积距平曲线

4.4.2 Mann‐Kendall 突变检验

采用 Mann‐Kendall 突变检验法，根据渭河流域上游 1956—2008 年 53 年间年平均以及春、夏、秋、冬四季降水资料，由式（3.9）～式（3.14）计算出 UF_k 和 UB_k，年平均降水量及四季平均降水量的 UF 和 UB 曲线如图 4.46～图 4.50 所示。

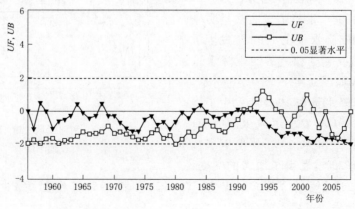

图 4.46 渭河流域上游年平均降水量 Mann‐Kendall 突变检验曲线

　　从图 4.46 可以看出，UF、UB 曲线在 1991 年有交点，表明年平均降水量在 1991 年有波动，但 UF、UB 值均未超过 0.05 临界线（$U_{0.05}=\pm1.96$），表明年平均降水量变化趋势不明显，不存在突变现象。

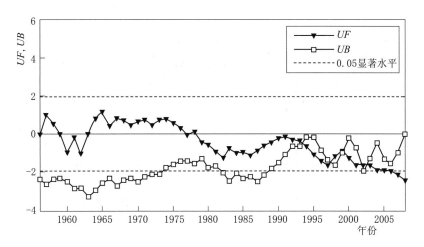

图 4.47　渭河流域上游春季平均降水量 Mann - Kendall 突变检验曲线

　　从图 4.47 可以看出，春季平均降水量 UF 和 UB 曲线在 1956—2008 年分别在 1993 年、1997 年、1999 年、2001 年、2002 年相交，且 UF 线超过 0.05 临界线（$U_{0.05}=-1.96$），表明春季平均降水量下降趋势明显，在 1993 年、1997 年、1999 年、2001 年、2002 年发生了突变。

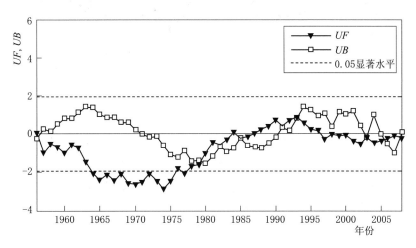

图 4.48　渭河流域上游夏季平均降水量 Mann - Kendall 突变检验曲线

　　从图 4.48 可以看出，夏季平均降水量的 UF 和 UB 曲线在 1956—2008 年多次相交，交点均在上下信度线之间，说明夏季平均降水量多次发生增减波动，但相交之后 UF、UB 值均没有超过信度线范围，说明夏季平均降水量变化趋势不明显，没有发生突变。

　　从图 4.49 可以看出，秋季平均降水量的 UF 和 UB 曲线在 1984 年相交，但相交后 UF、UB 值均没有超过上下信度线范围，表明秋季平均降水量变化趋势不明显，没有发生突变。

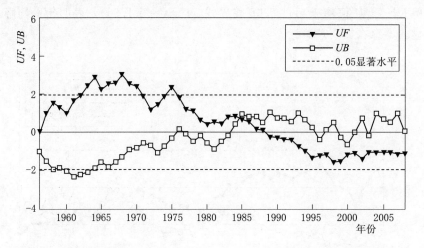

图 4.49　渭河流域上游秋季平均降水量 Mann-Kendall 突变检验曲线

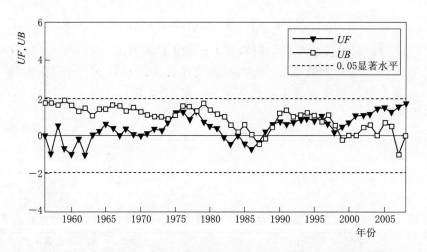

图 4.50　渭河流域上游冬季平均降水量 Mann-Kendall 突变检验曲线

从图 4.50 可以看出，冬季平均降水量的 UF 和 UB 曲线在 1956—2008 年间多次相交，且均在上下信度线之间，说明冬季平均降水量多次发生增减波动，但相交后 UF、UB 值均没有超过信度线范围，表明冬季平均降水量变化趋势不明显，没有发生突变。

4.4.3　滑动 T 检验

采用滑动 T 检验法，对渭河流域上游 1956—2008 年 53 年间年平均及春、夏、秋、冬四季降水量做等级为 $n_1 = n_2 = 5$、$n_1 = n_2 = 7$、$n_1 = n_2 = 10$ 的滑动 T 检验，根据式（3.15）～式（3.19）计算统计量 T，滑动 T 检验曲线如图 4.51～图 4.55 所示。设定的显著性水平 $\alpha = 0.01$，则 $n_1 = n_2 = 5$、$n_1 = n_2 = 7$、$n_1 = n_2 = 10$ 对应的临界值分别为 3.355、3.055、2.878，T 值超过临界值即表明该点可能为突变点。

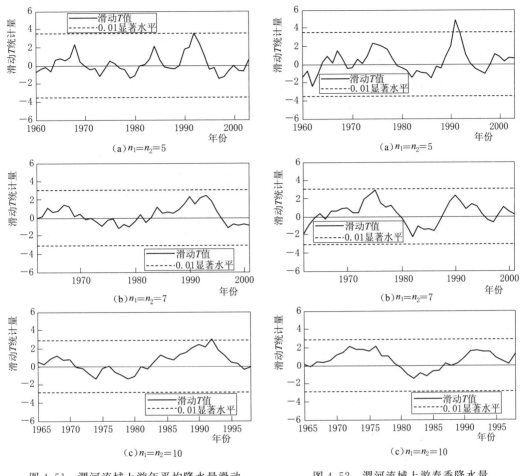

图 4.51　渭河流域上游年平均降水量滑动　　图 4.52　渭河流域上游春季降水量
　　　　　　T 检验曲线　　　　　　　　　　　　　　　滑动 T 检验曲线

由图 4.51 可知，当 $n_1 = n_2 = 5$ 时，年降水量的 T 值在 1992 年超过了正临界线 3.355；当 $n_1 = n_2 = 7$ 时，年降水量的 T 值均没有超过正负临界线；当 $n_1 = n_2 = 10$ 时，年降水量的 T 值在 1992 年超过了正临界线 2.878。表明渭河流域上游年降水量在 1992 年出现了减少的突变。

由图 4.52 可知，当 $n_1 = n_2 = 5$ 时，春季降水量的 T 值在 1991 年超过了正临界线 3.355；当 $n_1 = n_2 = 7$ 和 $n_1 = n_2 = 10$ 时，春季降水量的 T 值均未超过正负临界线。表明渭河流域上游春季降水量在 1991 年出现了减少的突变。

由图 4.53 可知，当 $n_1 = n_2 = 5$ 时，夏季降水量的 T 值在 1962 年超过了正临界线 3.355；当 $n_1 = n_2 = 7$ 时，夏季降水量的 T 值在 1962 年和 1963 年都超过了正临界线 3.055；当 $n_1 = n_2 = 10$ 时，夏季降水量的 T 值在 1974 年超过了负临界线 -2.878。表明渭河流域上游夏季降水量在 1962 年和 1963 年出现了减少的突变，在 1974 年出现了增多的突变。

由图 4.54 和图 4.55 可知，当 $n_1 = n_2 = 5$、$n_1 = n_2 = 7$、$n_1 = n_2 = 10$ 时，秋季降水量和冬季降水量的 T 值均没有超过临界线，表明渭河流域上游秋季降水量和冬季降水量均没有发生突变。

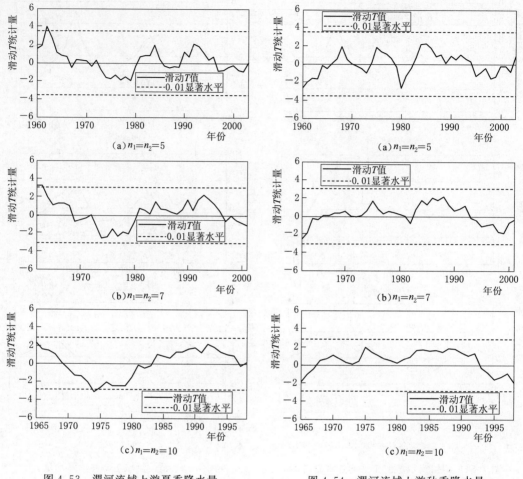

图 4.53 渭河流域上游夏季降水量
滑动 T 检验曲线

图 4.54 渭河流域上游秋季降水量
滑动 T 检验曲线

4.4.4 Yamamoto 检验

应用 Yamamoto 检验法对渭河流域上游 1956—2008 年 53 年间年平均降水量以及春、夏、秋、冬四季降水量做等级为 $n_1=n_2=5$、$n_1=n_2=7$、$n_1=n_2=10$ 的突变检验，如图 4.56～图 4.60 所示。

设定的显著性水平 $\alpha=0.01$，SNR 值大于临界线 1.0 时即表明交点可能为突变点。由图 4.56 可知，当 $n_1=n_2=5$ 时，年降水量序列的 SNR 值在 1992 年超过了正临界线 1.0；当 $n_1=n_2=7$ 和 $n_1=n_2=10$ 时，年降水量序列的 SNR 值均没有超过临界线 1.0。表明渭河流域上游年降水量在 1992 年发生了减少的突变。

由图 4.57 可知，当 $n_1=n_2=5$ 时，春季降水量序列的 SNR 值在 1991 年和 1992 年都超过了正临界线 1.0；当 $n_1=n_2=7$ 和 $n_1=n_2=10$ 时，春季降水量序列的 SNR 值均没有超过临界线 1.0。表明渭河流域上游春季降水量在 1991 年和 1992 年发生了减少的突变。

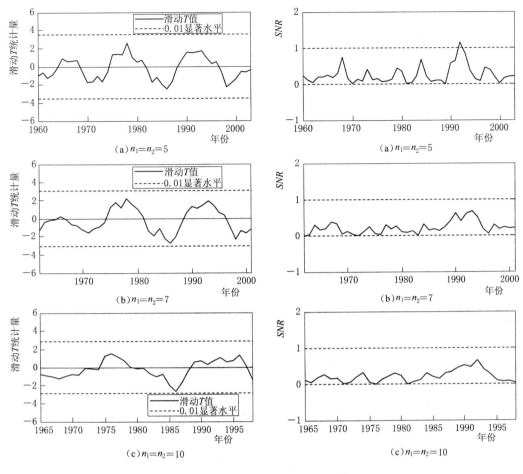

图 4.55　渭河流域上游冬季降水量
滑动 T 检验曲线

图 4.56　渭河流域上游年平均降水量
Yamamoto 检验曲线

由图 4.58 可知，当 $n_1=n_2=5$ 时，夏季降水量序列的 SNR 值在 1962 年超过了正临界线 1.0；当 $n_1=n_2=7$ 和 $n_1=n_2=10$ 时，夏季降水量序列的 SNR 值均没有超过临界线 1.0。表明渭河流域上游夏季降水量在 1962 年发生了减少的突变。

由图 4.59 可知，当 $n_1=n_2=5$、$n_1=n_2=7$、$n_1=n_2=10$ 时，秋季降水量序列的 SNR 值均没有超过临界线 1.0，表明渭河流域上游秋季降水量在 1956—2008 年都没有发生突变，与秋季气温的 Yamamoto 突变检验结果相同。

由图 4.60 可知，当 $n_1=n_2=5$、$n_1=n_2=7$、$n_1=n_2=10$ 时，冬季降水量序列的 SNR 值均没有超过临界线 1.0，表明渭河流域上游冬季降水量在 1956—2008 年都没有发生突变，与冬季气温的 Yamamoto 突变检验结果相同。

4.4.5　降水突变综合分析

通过累积距平法、Mann - Kendall 突变检验法、滑动 T 检验法和 Yamamoto 检验法对渭河流域上游 1956—2008 年年平均降水量及春、夏、秋、冬四季降水量进行突变检验，为了保证突变检验的准确性和可信度,将四种方法结合起来进行综合分析,原则为至少两种方法同时显示出突变则判定为突变点,结果见表 4.10。从综合分析结果可知,年降水量在 1992 年发生减少的突变;春季降水量在 1991 年发生减少的突变;夏季降水量在 1962 年发生减少的突变;秋季降水量和冬季降水量由于突变特征不明显,无法准确判断突变时间。

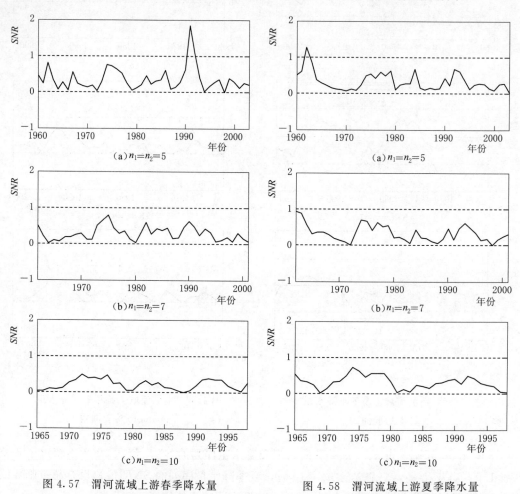

图 4.57 渭河流域上游春季降水量
Yamamoto 检验曲线

图 4.58 渭河流域上游夏季降水量
Yamamoto 检验曲线

表 4.10 渭河流域上游年、四季降水突变检验结果

降水量	累积距平法	Mann - Kendall 突变检验法	滑动 T 检验法	Yamamoto 检验法	综合分析
年降水	1992	/	1992	1992	1992 ↓
春季	1962, 1991	1993, 1997, 1999, 2001, 2002	1991	1991, 1992	1991 ↓
夏季	1962, 1979, 1993	/	1962, 1963, 1974	1962	1962 ↓
秋季	1961, 1975, 1984	/	/	/	/
冬季	1986	/	/	/	/

注 表中"↓"表示由多变少,"/"表示未检测出突变点。

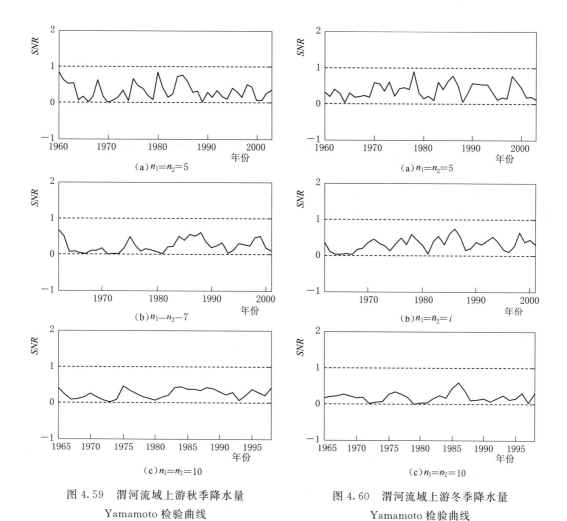

图 4.59　渭河流域上游秋季降水量
Yamamoto 检验曲线

图 4.60　渭河流域上游冬季降水量
Yamamoto 检验曲线

第5章

渭河流域上游径流变化特征分析

5.1 渭河流域上游径流年际变化

5.1.1 年径流量的年际极值比

年径流量的年际极值比是指多年最大年径流量与多年最小年径流量的比值，年际极值比可反映年际变化幅度。年径流变差系数 C_v 值大的河流，年径流量的年际极值比也较大；反之亦然。渭河流域上游1956—2000年径流量最大值出现在1964年，年径流量为49.732亿 m^3，而径流最小值出现在1997年，为6.314亿 m^3，计算得到渭河流域上游年径流量的年际极值比为7.88，说明渭河流域上游径流量年际变化幅度较大。

5.1.2 径流量年际分配

渭河流域上游径流量补给主要以天然降水为主，所以流域内气温和降水量的变化会相应地引起径流量的变化。研究中主要选取了渭河林家村水文站1956—2000年45年间的径流量资料进行统计分析。通过计算得出渭河径流量多年平均值为24.38亿 m^3，最大年径流量为多年平均值的2.04倍，而最小年径流量为多年平均值的0.26倍。1956—1999年各个年代的年径流量分别为23.59亿 m^3、32.49亿 m^3、24.73亿 m^3、26.07亿 m^3 和14.36亿 m^3，详见表5.1和图5.1。

表 5.1　　　　　　　　　　　　渭河流域上游各年代径流量距平

年　代	年平均径流量/亿 m^3	距平/亿 m^3	与常年比较
1956—1959 年	23.59	−0.79	低
1960—1969 年	32.49	8.11	高
1970—1979 年	24.73	0.35	高
1980—1989 年	26.07	1.69	高
1990—1999 年	14.36	−10.02	低
平均	24.38		

5.1.3 模比系数差积曲线

累积距平曲线是趋势分析的一种方法，差积曲线是一条水文距平序列的数值与其算术

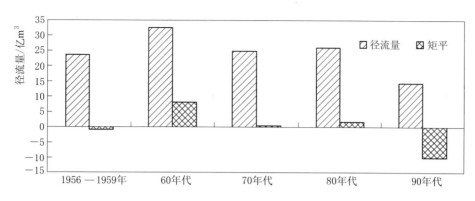

图 5.1　渭河流域上游各年代径流量和距平

平均值的差值累积数的过程曲线。差积就是序列数值除以平均值所得的模比系数 K_i 值减
1 后求和，即模比系数差积，模比系数差积值为 $\sum(K_i-1)$。

　　年径流量模比系数差积曲线主要用来
反映年径流量丰枯变化情况，具有良好的
效果。差积曲线在一定的时间段内总体呈
下降趋势的时期即为枯水期，在枯水期
内多年径流量往往要小于多年平均值；而在
一定的时间内差积曲线总体呈上升趋势的
时期则为丰水期，在丰水期内多年径流量
往往要大于多年平均值。

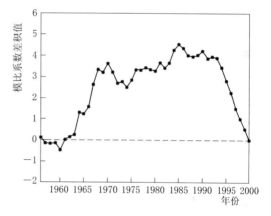

图 5.2　渭河流域上游年径流量模比系数差积曲线

　　渭河流域上游年径流量模比系数差积
曲线如图 5.2 所示，从图中可以看出，年
径流变化过程可分为以下几个阶段：
1956—1963 年为平水期，1963—1970 年为
丰水期，1970—1974 年为枯水期，1974—1976 年为丰水期，1976—1981 年为平水期，
1981—1985 年为丰水期，1985—1990 年为平水期，1990—2000 年为枯水期。

5.2　渭河流域上游径流年内变化

5.2.1　径流年内变化特征

　　由渭河流域上游林家村水文站 1956—2000 年 45 年的径流资料，统计 1—12 月各月多
年平均径流量，见表 5.2。

表 5.2　　　　　　　　　　　　渭河流域上游多年平均月径流量

月份	1	2	3	4	5	6	7	8	9	10	11	12
流量/亿 m³	0.79	0.81	1.13	1.54	1.98	2.00	3.37	3.53	3.76	2.95	1.59	0.95

由表可知，渭河流域上游径流量最大值出现在 9 月，为 3.76 亿 m³；9 月之前月径流量呈递增趋势，而 9 月之后径流量则呈递减趋势，所以 9 月的径流量是个转折点。渭河流域上游径流量年内分配变化曲线如图 5.3 所示。

由图表分析可以得出，渭河流域上游径流量年内分配主要集中在 7—10 月，这四个月的径流量共占全年径流量的 55.8%，其径流量年内分配与降水量年内分配较为一致。

径流量的季节变化差异同样比较显著，春、夏、秋、冬四季径流量分别占多年平均径流量的 19.0%、36.5%、34.0%、10.5%，如图 5.4 所示。夏季径流量占比最大，其次是秋季、春季和冬季。

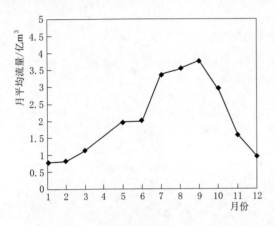

图 5.3 渭河流域上游径流量年内变化曲线

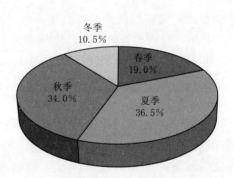

图 5.4 渭河流域上游径流量四季分配

5.2.2 径流年内分配不均匀系数

径流年内分配不均匀系数主要用来反映河川径流年内分配的不均匀性，其计算公式为

$$C = \sqrt{\frac{\sum_{i=1}^{12} \left[\dfrac{P_i}{\overline{P}} - 1\right]^2}{12}} \tag{5.1}$$

式中 P_i——各月径流量占年径流量的百分比；

$\overline{P}$——百分比 P_i 的均值。

C 越大，表明年内分配越不均匀；C 越小，则表明年内分配较为均匀。

通过计算得到的 P_i 值见表 5.3。

表 5.3 渭河流域上游月径流量分配

P_1	P_2	P_3	P_4	P_5	P_6	P_7	P_8	P_9	P_{10}	P_{11}	P_{12}
0.03	0.03	0.05	0.06	0.08	0.08	0.14	0.15	0.15	0.12	0.07	0.04

$\overline{P} = 0.08$，将 P_i 和 $\overline{P}$ 的值代入式（5.1）中计算得到渭河流域上游径流年内分配不均匀系数 $C = 0.53$，C 值较大，表明渭河径流年内分配较不均匀。

5.3 径流变化趋势及显著性检验

5.3.1 径流变化趋势

应用线性趋势法分析渭河流域上游1956—2000年年径流量及春、夏、秋、冬四季径流量，变化曲线分别如图5.5～图5.9所示。从图5.5可以看出，虽然渭河流域上游各年年径流量上下波动，但从长期即从大尺度分析，年径流量呈下降趋势，下降速率为3.556亿m^3/10a。

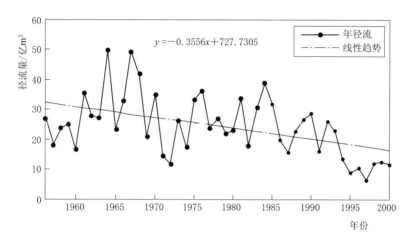

图5.5 渭河流域上游径流量年际变化曲线

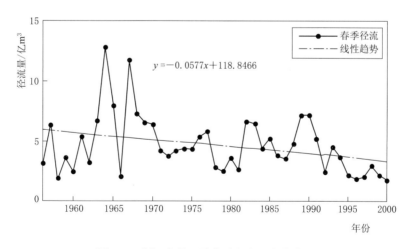

图5.6 渭河流域上游春季径流量变化曲线

同样，从长期即从大尺度分析，四季径流量也呈下降趋势。从图5.6～图5.9看出，从小尺度分析，各年春、夏、秋、冬的径流量处于上上下下的变化过程中；但从大尺度分析，四季径流量长期呈下降的趋势。秋、夏季径流下降速率分别为1.593亿m^3/10a和1.082亿m^3/10a，春、冬季下降速率分别为0.577亿m^3/10a和0.32亿m^3/10a，年径流

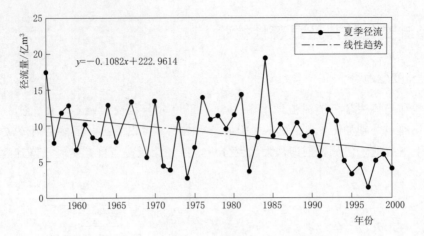

图 5.7 渭河流域上游夏季径流量变化曲线

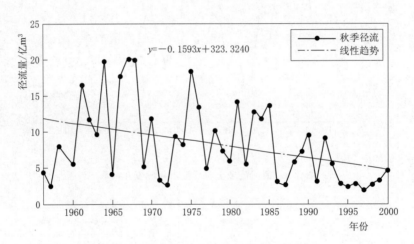

图 5.8 渭河流域上游秋季径流量变化曲线

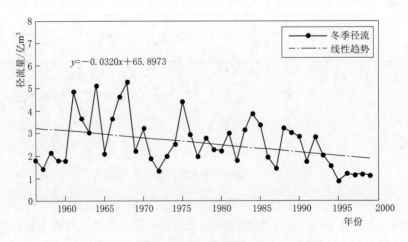

图 5.9 渭河流域上游冬季径流量变化曲线

量的下降趋势最明显，秋、夏季次之，春、冬季最不明显。

5.3.2　径流变化趋势显著性检验

利用 Kendall 非参数秩次相关检验对 1956—2000 年渭河流域上游年径流量资料进行分析计算，具体计算结果见表 5.4。当 $n=45$，信度水平 α 分别为 0.1、0.05 和 0.01 时，$U_{\alpha/2}$ 的值分别为 1.645、1.960 和 2.576。

表 5.4　　　　　　渭河流域上游年径流量及四季径流量变化趋势显著性检验

项　目	Kendall 非参数秩次相关检验统计量 U_{MK}	$U_{0.1/2}=1.645$ 是否通过信度水平 $\alpha=0.1$ 的显著性检验	$U_{0.05/2}=1.960$ 是否通过信度水平 $\alpha=0.05$ 的显著性检验	$U_{0.01/2}=2.576$ 是否通过信度水平 $\alpha=0.01$ 的显著性检验
年平均径流量	-3.238	通过	通过	通过
春季平均径流量	-2.084	通过	通过	未通过
夏季平均径流量	-2.260	通过	通过	未通过
秋季平均径流量	-2.671	通过	通过	通过
冬季平均径流量	-2.458	通过	通过	未通过

年径流量 U_{MK} 值为 -3.238，其绝对值大于信度水平 α 为 0.01 时的 $U_{0.01/2}=2.576$，表明渭河流域上游年径流量下降趋势非常显著。春、夏、秋、冬四季径流量 U_{MK} 值分别为 -2.084、-2.260、-2.671、-2.458，与不同信度水平的临界值比较，可知秋季径流量 U_{MK} 值的绝对值大于 α 为 0.01 时的 $U_{0.01/2}=2.576$，春、夏、冬季径流量 U_{MK} 值的绝对值大于 α 为 0.05 时的 $U_{0.05/2}=1.960$，春、夏、冬季径流量 U_{MK} 值虽未通过 0.01 信度水平的检验，但通过了 0.05 信度水平的检验，说明秋季径流量的减少趋势最为显著，春、夏、冬季径流量的减少趋势较为显著。

5.4　径流突变分析

5.4.1　累积距平法检验

渭河流域上游年径流量累积距平曲线如图 5.10 所示，从图中可知，年径流量序列在 1960 年之前呈现递减趋势，在 1960 年以后径流量增加，说明年径流量在 1960 年出现了增加的突变；径流量在 1970 年和 1985 年前后分别出现了先增加后减少的趋势，说明年径流量在 1970 年和 1985 年发生了减少的突变。春、夏、秋、冬四季径流量的累积距平曲线分析结果如图 5.11～图 5.14 所示，由图可知，春季径流量在

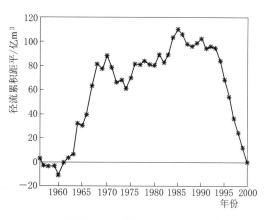

图 5.10　渭河流域上游年径流量累积距平曲线

1962 年发生了增多的突变，在 1991 年发生了减少的突变；夏季径流量在 1975 年发生了增多的突变，在 1993 年发生了减少的突变；秋季径流量和冬季径流量均在 1960 年发生了增多的突变，在 1985 年发生了减少的突变。

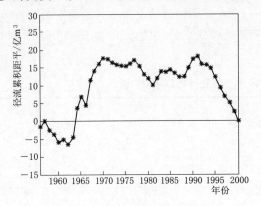

图 5.11　渭河流域上游春季径流
量累积距平曲线

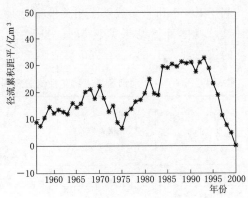

图 5.12　渭河流域上游夏季径流量
累积距平曲线

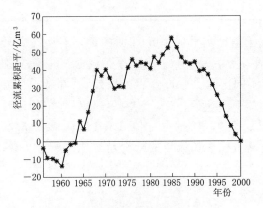

图 5.13　渭河流域上游秋季径流量
累积距平曲线

图 5.14　渭河流域上游冬季径流量
累积距平曲线

5.4.2　Mann‐Kendall 突变检验

图 5.15 所示为渭河流域上游 1956—2000 年 45 年间年径流量的 Mann‐Kendall 突变检验曲线。从图中可以看出，UF、UB 曲线分别于 1963 年、1965 年、1971 年、1979 年、1984 年、1993 年在 0.05 临界线（$U_{0.05} = \pm 1.96$）范围内有交点，且 UF 曲线在 1995 年后都位于 0.05 临界线（$U_{0.05} = -1.96$）以下，表明年径流量减少趋势比较显著，在 1963 年、1965 年、1971 年、1979 年、1984 年、1993 年发生了突变。

图 5.16 所示为渭河流域上游 1956—2000 年 45 年间春季径流量的 Mann‐Kendall 突变检验曲线。从图中可以看出，UF、UB 曲线分别于 1962 年和 1994 年在 0.05 临界线（$U_{0.05} = \pm 1.96$）范围内有交点，且 UF 曲线在 2000 年后在 0.05 临界线（$U_{0.05} = -1.96$）以下，表明春季径流量下降趋势比较显著，在 1962 年和 1994 年发生了突变。

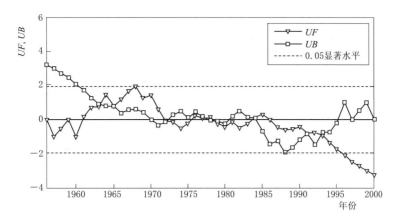

图 5.15　渭河流域上游年径流 Mann‑Kendall 突变检验曲线

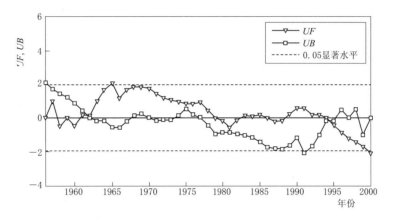

图 5.16　渭河流域上游春季径流 Mann‑Kendall 突变检验曲线

图 5.17 所示为渭河流域上游 1956—2000 年 45 年间夏季径流量的 Mann‑Kendall 突变检验曲线。从图中可以看出，UF、UB 曲线在 0.05 临界线（$U_{0.05} = \pm 1.96$）范围内没有交点，表明夏季径流量下降趋势不显著，没有发生突变。

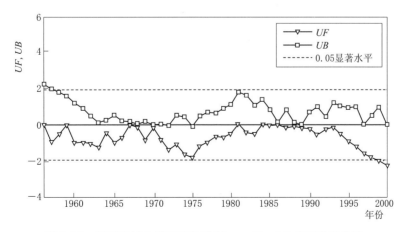

图 5.17　渭河流域上游夏季径流 Mann‑Kendall 突变检验曲线

图 5.18 所示为渭河流域上游1956—2000 年 45 年间秋季径流量的 Mann - Kendall 突变检验曲线。从图中可以看出，UF、UB 曲线分别于 1961 年和 1995 年在 0.05 临界线（$U_{0.05} = \pm 1.96$）范围内有交点，且 UF 曲线在 1996 年后在 0.05 下临界线（$U_{0.05} = -1.96$）以下，表明秋季径流量下降趋势比较显著，在 1961 年和 1995 年发生了突变。

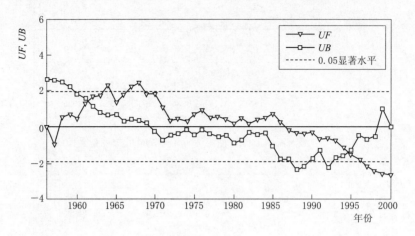

图 5.18　渭河流域上游秋季径流 Mann - Kendall 突变检验曲线

图 5.19 所示为渭河流域上游 1956—2000 年 45 年间冬季径流量的 Mann - Kendall 突变检验曲线。从图中可以看出，UF、UB 曲线分别于 1961 年和 1994 年在 0.05 临界线（$U_{0.05} = \pm 1.96$）范围内有交点，且 UF 曲线在 1996 年后在 0.05 下临界线（$U_{0.05} = -1.96$）以下，表明冬季径流量下降趋势比较显著，在 1961 年和 1994 年发生了突变。

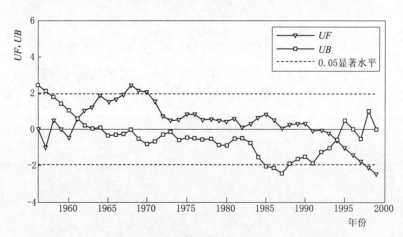

图 5.19　渭河流域上游冬季径流 Mann - Kendall 突变检验曲线

5.4.3　滑动 T 检验

对渭河流域上游 1956—2000 年 45 年间年径流量资料以及春、夏、秋、冬四季径流量资料做等级为 $n_1 = n_2 = 5$、$n_1 = n_2 = 7$、$n_1 = n_2 = 10$ 的滑动 T 检验，如图 5.20～图 5.24 所示。设定的显著性水平 $\alpha = 0.01$，则 $n_1 = n_2 = 5$、$n_1 = n_2 = 7$、$n_1 = n_2 = 10$ 对应的临界值分

别为 3.355、3.055、2.878，超过临界值即表明可能为突变点。

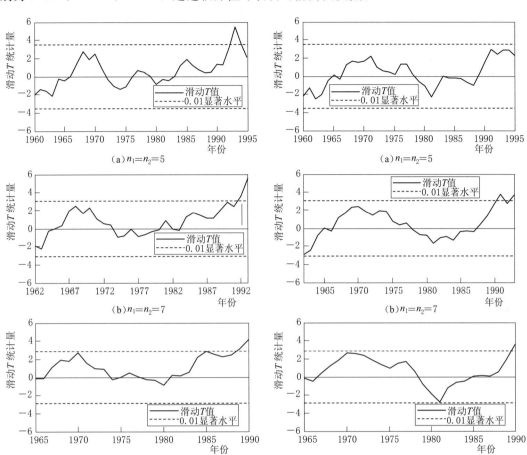

图 5.20　渭河流域上游年径流量滑
动 T 检验曲线

图 5.21　渭河流域上游春季径流量
滑动 T 检验曲线

由图 5.20 可知，当 $n_1=n_2=5$ 时，年径流量的 T 值在 1993 年和 1994 年超过了正临界线 3.355；当 $n_1=n_2=7$ 时，年径流量的 T 值在 1992 年和 1993 年超过了正临界线 3.055；当 $n_1=n_2=10$ 时，年径流量的 T 值在 1989 年和 1990 年超过了正临界线 2.878。表明渭河流域上游年径流量在 1989 年、1990 年、1992 年、1993 年、1994 年出现了减少的突变。

由图 5.21 可知，当 $n_1=n_2=5$ 时，春季径流量的 T 值没有超过临界线；当 $n_1=n_2=7$ 时，春季径流量的 T 值在 1991 年和 1993 年超过了正临界线 3.055；当 $n_1=n_2=10$ 时，春季径流量的 T 值在 1990 年超过了正临界线 2.878。表明渭河流域上游春季径流量可能在 1990 年、1991 年和 1993 年发生了突变。

由图 5.22 可知，当 $n_1=n_2=5$ 时，夏季径流量的 T 值分别在 1975 和 1993 年超过了负临界线—3.355 和正临界线 3.355；当 $n_1=n_2=7$ 时，夏季径流量的 T 值在 1993 年超过了正临界线 3.055；当 $n_1=n_2=10$ 时，夏季径流量的 T 值没有超过正负临界线。表明渭河流域上游夏季径流量在 1975 年出现了增多的突变，在 1993 年出现了减少的突变。

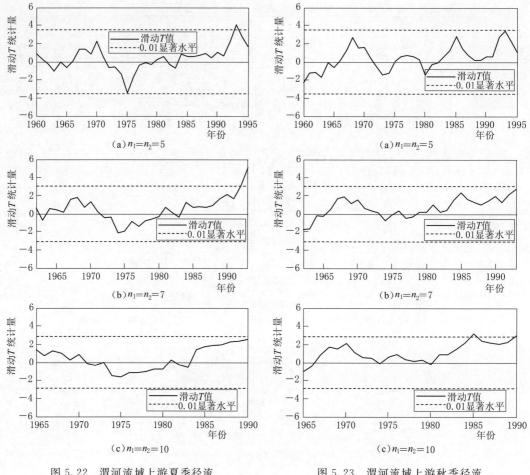

图 5.22　渭河流域上游夏季径流
量滑动 T 检验曲线

图 5.23　渭河流域上游秋季径流
量滑动 T 检验曲线

由图 5.23 可知，当 $n_1 = n_2 = 5$ 时，秋季径流量的 T 值在 1993 年超过了正临界线 3.355；当 $n_1 = n_2 = 7$ 时，秋季径流量的 T 值没有超过正负临界线；当 $n_1 = n_2 = 10$ 时，秋季径流量的 T 值在 1985 年和 1990 年超过了正临界线 2.878。表明渭河流域上游秋季径流量可能在 1985 年、1990 年和 1993 年发生了减少的突变。

由图 5.24 可知，当 $n_1 = n_2 = 5$ 时，冬季径流量的 T 值在 1992 年、1993 年、1994 年超过了正临界线 3.355；当 $n_1 = n_2 = 7$ 时，冬季径流量的 T 值在 1992 年超过了正临界线 3.055；当 $n_1 = n_2 = 10$ 时，冬季径流量的 T 值在 1970 年和 1989 年超过了正临界线 2.878。表明渭河流域上游冬季径流量在 1970 年、1989 年、1992 年、1993 年、1994 年出现了减少的突变。

5.4.4　Yamamoto 检验

应用 Yamamoto 检验法对渭河流域上游 1956—2000 年 45 年间年径流量以及春、夏、秋、冬四季径流量做等级为 $n_1 = n_2 = 5$、$n_1 = n_2 = 7$、$n_1 = n_2 = 10$ 的突变检验，如图 5.25～图 5.29 所示，设定的显著性水平 $\alpha = 0.01$，SNR 值大于临界线 $SNR = 1$ 时即表明该点可能为突变点。

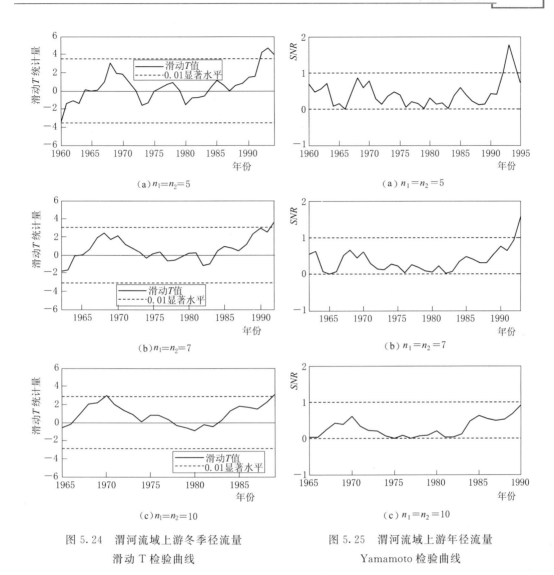

图 5.24 渭河流域上游冬季径流量
滑动 T 检验曲线

图 5.25 渭河流域上游年径流量
Yamamoto 检验曲线

由图 5.25 可知，当 $n_1=n_2=5$ 时，年径流量序列的 SNR 值在 1992 年、1993 年、1994 年均超过了临界线 1.0；当 $n_1=n_2=7$ 时，年径流量序列的 SNR 值在 1993 年超过临界线 1.0；当 $n_1=n_2=10$ 时，年径流量序列的 SNR 值没有超过临界线 1.0。表明渭河流域上游年径流量在 1992 年、1993 年、1994 年发生了突变。

由图 5.26 可知，当 $n_1=n_2=5$ 时，春季径流量序列的 SNR 值在 1993 和 1994 年均超过了临界线 1.0；当 $n_1=n_2=7$ 时，春季径流量序列的 SNR 值在 1991 年和 1993 年超过临界线 1.0；当 $n_1=n_2=10$ 时，春季径流量序列的 SNR 值没有超过临界线 1.0。表明渭河流域上游春季径流量在 1991 年、1993 年和 1994 年发生了突变。

由图 5.27 可知，当 $n_1=n_2=5$ 时，夏季径流量序列的 SNR 值在 1975 和 1993 年均超过了临界线 1.0；当 $n_1=n_2=7$ 时，夏季径流量序列的 SNR 值在 1993 年超过临界线 1.0；当 $n_1=n_2=10$ 时，夏季径流量序列的 SNR 值没有超过临界线 1.0。表明渭河流域上游夏季径流量在 1975 年和 1993 年发生了突变。

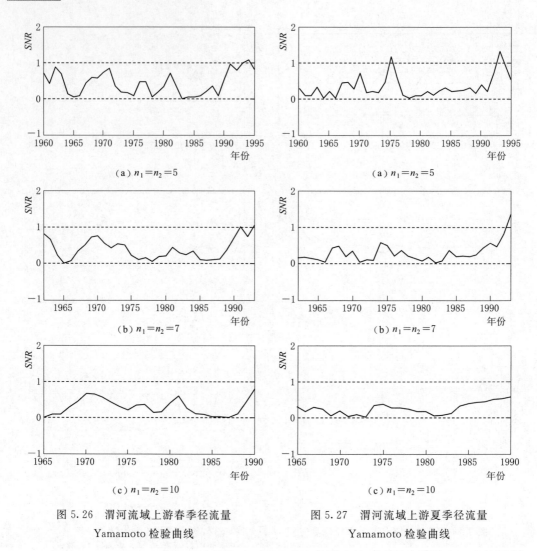

图 5.26　渭河流域上游春季径流量
Yamamoto 检验曲线

图 5.27　渭河流域上游夏季径流量
Yamamoto 检验曲线

由图 5.28 可知，当 $n_1 = n_2 = 5$ 时，秋季径流量序列的 SNR 值在 1993 年超过了临界线 1.0；当 $n_1 = n_2 = 7$ 和 $n_1 = n_2 = 10$ 时，秋季径流量序列的 SNR 值均没有超过临界线 1.0。表明渭河流域上游秋季径流量在 1993 年发生了突变。

由图 5.29 可知，当 $n_1 = n_2 = 5$ 时，冬季径流量序列的 SNR 值在 1960 年、1968 年、1992 年、1993 年、1994 年均超过了临界线 1.0；当 $n_1 = n_2 = 7$ 时，冬季径流量序列的 SNR 值在 1992 年超过临界线 1.0；当 $n_1 = n_2 = 10$ 时，冬季径流量序列的 SNR 值没有超过临界线 1.0。表明渭河流域上游冬季径流量在 1960 年、1968 年、1992 年、1993 年、1994 年发生了突变。

5.4.5　径流突变综合分析

通过累积距平法、Mann - Kendall 突变检验法、滑动 T 检验法和 Yamamoto 检验法对渭河流域上游 1956—2000 年年径流量及春、夏、秋、冬四季径流量资料进行突变检验，为了保证突变检验的准确性和可信度，将四种方法结合起来进行综合分析，至少两种方法同时显示出突变则判定为突变点，结果见表5.5。经综合分析可知，年径流量在1970年、1992年和1993年发生了减少的突变；春季径流量在1991年和1993年发生了减少的突变；夏季径流量在1975年发生了增多的突变，在1993年发生了减少的突变；秋季径流量在1985年和1993年发生了减少的突变；冬季径流量在1960年发生增多的突变，1994年发生了减少的突变。

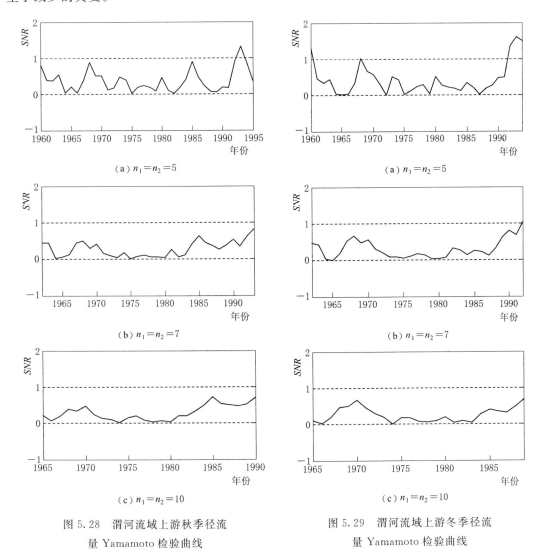

(a) $n_1 = n_2 = 5$

(b) $n_1 = n_2 = 7$

(c) $n_1 = n_2 = 10$

图5.28　渭河流域上游秋季径流量 Yamamoto 检验曲线

图5.29　渭河流域上游冬季径流量 Yamamoto 检验曲线

表5.5　渭河流域上游年、季节径流量突变检验结果

径流量	累积距平法	Mann-Kendall 突变检验法	滑动 T 检验法	Yamamoto 检验法	综合分析
年径流量	1960，1970，1985	1963，1965，1971，1979，1984，1993	1989，1990，1992，1993，1994	1992，1993，1994	1970↓，1992↓，1993↓
春季	1962，1991	1962，1994	1990，1991，1993	1991，1993，1994	1991↓，1993↓

续表

径流量	累积距平法	Mann - Kendall 突变检验法	滑动 T 检验法	Yamamoto 检验法	综合分析
夏季	1975，1993	/	1975，1993	1975，1993	1975↑，1993↓
秋季	1960，1985	1961，1995	1985，1990，1993	1993	1985↓，1993↓
冬季	1960，1985	1961，1994	1970，1989，1992，1993，1994	1960，1968，1992，1993，1994	1960↑，1994↓

注　表中"↑"表示由枯变丰，"↓"表示由丰变枯，"/"表示未检测出突变点。

将气象因子与径流的突变检验结果列于表 5.6，对比分析气温、降水和径流突变点在时间上的差异性，三者的突变点不完全相同。如年气温突变点是 1993 年和 1994 年，降水的突变点为 1992 年，径流的突变点为 1970 年、1992 年和 1993 年，虽不完全相同，但有些年份还是相近的。

表 5.6　　　　　　　渭河流域上游年、季节气温、降水和径流突变

时间	气温突变点	降水突变点	径流突变点
年	1993↑，1994↓	1992↓	1970↓，1992↓，1993↓
春季	1993↑，1996↑	1991↓	1991↓，1993↓
夏季	1975↓，1993↑	1962↓	1975↑，1993↓
秋季	1986↑	/	1985↓，1993↓
冬季	1976↑	/	1960↑，1994↓

注　表中"↑"表示由枯变丰，"↓"表示由丰变枯，"/"表示未检测出突变点。

5.5　径流与气象因子的相关性分析

径流与气象因子的相关性分析主要考虑气象因子中的气温与降水量对径流的影响，由于径流、气温、降水量的单位不同，通常先使用标准化的方法把各因素转换成统一无量纲的变量，便于将这些因素在相同的水平上进行比较并进行相关性分析，这种变量称为标准化变量。常用的数据标准化方法有最大值法、最小值法和标准差法等。本节采用标准差法，使径流、气温、降水量等变量都处于 [−1，1] 区间内，标准化公式为

$$Z_t = \frac{X_t - \bar{X}}{S} \quad (t = 1, 2, \cdots, n) \tag{5.2}$$

式中　Z_t——标准化后的水文气象要素的时间序列；

　　　　X_t——未经标准化的时间序列；

　　　　$\bar{X}$——要素序列的均值；

　　　　S——标准差。

数据经过标准化后通常用相关系数衡量两数值的关系，其计算公式为

$$r = \frac{\sum\limits_{i=1}^{n}(x_i - \bar{x})(y_i - \bar{y})}{\sqrt{\sum\limits_{i=1}^{n}(x_i - \bar{x})^2 \sum\limits_{i=1}^{n}(y_i - \bar{y})^2}} \qquad (5.3)$$

式中　　r ——相关系数；

　　x_i、y_i ——两个序列；

　　　　$\bar{x}$ —— x_i 的平均值；

　　　　$\bar{y}$ —— y_i 的平均值。

通过式（5.3）计算出气温与径流量间的相关系数为-0.68，降水量与径流量间的相关系数为0.61，根据相关系数显著性检验（t 检验），见附表2，查临界值表得 $\alpha = 0.05$ 时的相关系数临界值为0.26。因 $|-0.68| > 0.26$，表明温度与径流量之间呈显著的线性负相关，即温度越高，则径流量越小；因 $|0.61| > 0.26$，表明降水量与径流量之间呈显著的线性正相关，即降水量越大，则径流量越大。从表5.6中也可分析出这种相关性。

第6章

基于 BP 神经网络的渭河流域上游径流预测

6.1 人工神经网络简介

人工神经网络（artificial neural network，ANN），也称神经网络，是由大量处理单元（神经元）广泛互连而成的网络。人工神经网络不仅具有强大的计算能力，而且具有与人脑相似的学习、记忆与思维等能力，其基本特性是对人脑的抽象、简化和模拟，反映人脑的信息处理功能。人工神经网络作为近年来的热门研究领域，涵盖了神经科学、物理学、数学、计算机科学、统计学等学科。在水文方面，人工神经网络主要应用于水文预测、水质预测、水库优化调度、水资源优化配置等。

6.1.1 神经元模型

大量的研究表明，人类的大脑皮层中包含了 100 亿个神经元，神经元之间相互连接形成错综复杂的神经网络系统。神经元作为系统最基本的单元，虽然每个神经元的形态不相同，但主要都是由细胞体和突起组成，突起分为树突和轴突，如图 6.1 所示。

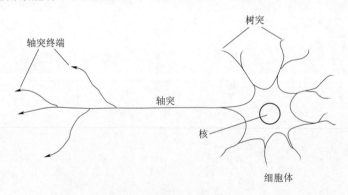

图 6.1 生物神经元示意图

人工神经网络是由大量的节点单元（神经元）组成，网络中每个节点单元都可以向相邻的节点单元发出信号，这些信号抑制或者激活信号的传递，整个神经网络便是通过这些信号的相互作用来完成信息传递。神经网络的神经元如图 6.2 所示。

当神经元 j 有多输入 $x_i (i=1, 2, \cdots, m)$ 和单输出 y_j 时，输入和输出之间的关系为

$$s_j = \sum_{i=1}^{m} w_{ij} x_i - \theta_j \\ y_j = f(s_j) \right\} \tag{6.1}$$

式中 x_1，x_2，$\cdots$，x_m——与第 j 个神经元相连接的所有输入神经元；

w_{1j}，w_{2j}，$\cdots$，w_{mj}——输入神经元和第 j 个神经元所对应的权值；

θ_j——阈值；

y_j——第 j 个神经元对应的输出信号；

$f(s_j)$——神经元的传递函数（或称激发函数），其作用是模拟出神经元转移时所具有的特性。

常见的传递函数有：

（1）阈值型。一般分为阶跃型函数和 sgn 函数，即

$$f(x) = \begin{cases} 1, & x \geqslant 0 \\ 0, & x < 0 \end{cases} \tag{6.2}$$

$$\text{sgn}(x) = \begin{cases} 1, & x \geqslant 0 \\ -1, & x < 0 \end{cases} \tag{6.3}$$

（2）Sigmoid（S 型）函数。

$$f(x) = \frac{1}{1 + \mathrm{e}^{-x}} \tag{6.4}$$

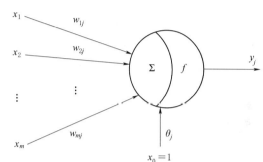

图 6.2 神经网络的神经元示意图

（3）双曲正切型。

$$f(x) = \tanh(x) = \frac{\mathrm{e}^x - \mathrm{e}^{-x}}{\mathrm{e}^x + \mathrm{e}^{-x}} \tag{6.5}$$

（4）高斯型。

$$f(x) = \exp\left[-\frac{1}{2\sigma_i^2} \sum_j (x_j - w_{ji})^2 \right] \tag{6.6}$$

（5）分段线性型。

$$f(x) = \begin{cases} x, & x \leqslant 0 \\ 0, & x \geqslant 0 \end{cases} \tag{6.7}$$

6.1.2　人工神经网络的拓扑结构

根据信息流在网络中的传递方式，人工神经网络一般可以分为前馈网络和反馈网络。

前馈网络是指网络中的各个神经元接收来自其上一层的输入信号，并输入到下一层，信号逐层向下传播，整个过程中信息没有进行反向传播，传递到输出层输出。前馈网络中，输入节点和输出节点分别位于网络两端，与外界进行连接，输入层和输出层之间所包含的所有层称为隐含层。

反馈网络的所有节点可以接收输入，也可以通过各个单元之间的连接权重向同一层或者上一层输出，任意节点的直接连接都是可逆的。前馈网络主要注重网络的学习，而反馈网络主要注重网络的稳定性。

6.1.3　人工神经网络的学习过程

神经网络具有学习特性，它的学习过程就是训练过程，其中心任务是识别输入和输出数据并发现样本之间存在的内在联系。神经网络训练的实质是网络按照一定的算法自动调节神经元之间的连接强度（阈值）或拓扑结构，使网络的实际输出满足期望要求或以一定的误差精度趋向于给定的样本。

1. 人工神经网络的学习方式

人工神经网络的学习方式主要可分为有教师学习（也称监督学习）和无教师学习（也称无监督学习或自组织学习）两种。

（1）有教师学习。神经网络根据实际输出与期望输出的偏差，按照一定的准则调整各神经元连接的权值，最终使误差最小。有教师学习的特点是：不能确保得到全局最优解，收敛速度慢，要求具有大量训练样本，而且对样本的表示次序变化比较敏感。

（2）无教师学习。训练数据集中，只有输入而没有目标输出，无教师信号提供给网络，神经网络仅仅根据其输入调整连接权系数和阈值，自动将输入数据的特征提取出来并分类，训练后的网络能够识别新的输入类别，并获得相应的输出。

2. 人工神经网络的学习规则

人工神经网络的学习规则主要可分为联想式学习、误差传播式学习、概率式学习、遗传算法和竞争式学习等。

联想式学习是人工神经网络中最基本的学习规则，几乎所有人工神经网络的学习规则都可以看作联想式学习的变形。联想式学习规则：当人工神经网络中神经元通过突触接收到与其连接的神经元的输入信号时，突触两端的神经元将会同时激活或抑制。

误差传播式学习是有教师的学习过程，通过改变神经元连接的权重，见式（6.8），使得神经网络的实际输出与期望输出之间的误差达到最小。在神经网络中，神经元之间权值的变化率一般与神经元实际输出和期望输出的差值成正比。

$$w_{ij}(n+1) = w_{ij}(n) + \eta\delta x_j = w_{ij}(n) + \eta(t_i - y_i)x_j \tag{6.8}$$

式中　　n——训练次数；

η——学习率；

δ——节点误差；

$w_{ij}(n)$——第 n 次迭代的权值；

t_i——期望输出；

y_i——实际输出；

x_j——神经网络输入。

6.2　BP 神经网络算法

误差反向传播（back propagation，BP）神经网络具有较好的训练方法和逼近能力，它是人工神经网络中最为重要的网络之一，也是目前应用最广泛的神经网络模型之一。BP 神经网络模型属于有教师的学习，它利用梯度下降法和均方误差最小来实现对神经网络神经元之间连接权的修正，不需要提前去描述这种映射关系，也能对这种输入输出模式进行学习并存储。BP 神经网络模型一般由一个输入层、多个隐含层和一个输出层组成，如图 6.3 所示。输入层和输出层中神经元的节点数目应该与输入和输出的样本数目相匹配，这样能够加快传递信号的输入和输出，从而确保整个神经网络的运行流畅。通常可以通过控制隐含层的层数来提高 BP 神经网络的运算速度，并增强信息传递的处理能力，但需要调整神经元之间的权值，个数也大量增加。水文预报中的大量研究成果均指出，具有三层结构的

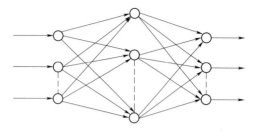

输入层　　　　隐含层　　　　输出层

图 6.3　BP 神经网络结构示意图

BP 神经网络就能够为水文预报工作提供可靠的预测模型，故本章也采用三层结构的 BP 神经网络模型。

　　BP 神经网络模型采用有教师学习方式进行训练，其算法的核心是一边误差后传，一边修正误差，同时不断调整连接权值，使修正误差不断减少。信号正向传播时，传播方向为输入层→隐含层→输出层，信号在向前传递的过程中神经网络的权值保持不变，下一层神经元只受到上一层神经元的影响。若神经网络模型的输出层不能得到设定的期望输出，则信号开始反向传播，误差信号为神经网络模型的输出信号与设定的期望输出信号之间的差值，误差信号从输出层开始反向逐层向前传播。误差信号在神经网络反向传播的过程中，神经元之间的权值通过每层的误差反馈迅速调整，这样逐层地修正神经元之间的权值使神经网络的实际输出更加接近设定的期望输出。BP 神经网络就是通过这两个过程的交替进行，使神经网络的误差函数达到最小值，从而实现信息提取和记忆过程。

　　BP 神经网络的学习步骤如下：

　　(1) 数据预处理，初始化网络中的连接权值和偏置权值。

　　(2) 正向计算过程。对第 $j(j=1, 2, 3, \cdots, k)$ 个单元，有

$$u_j(k) = g\left[\sum_{i=1}^{m} w_{ji}(k)x_i(k) + b_j\right] \tag{6.9}$$

$$y_j(k) = g\left[\sum_{i=1}^{m} v_{ji}(k)u_i(k) + b_j\right] \tag{6.10}$$

$$e_j(k) = t - y_j(k) \tag{6.11}$$

　　(3) 如果误差 $e_j(k)$ 满足预先设定的精度，则终止迭代，否则转入第 (4) 步。

　　(4) 反向计算过程。

　　1) 对输出单元，有

$$\delta_j^{(3)}(k) = e_j(k)y_j(k)[1 - y_j(k)] \tag{6.12}$$

　　2) 对隐层单元，有

$$\delta_j^{(2)}(k) = u_j(k)[1 - u_j(k)]\sum_{i=1}^{4} \delta_j^{(3)}(k)v_i(k) \tag{6.13}$$

$$\delta_j^{(1)}(k) = x_j(k)[1 - x_j(k)]\sum_{i=1}^{4} \delta_j^{(2)}(k)w_{ij}(k) \tag{6.14}$$

（5）按如下公式修正权值

$$W(k+1) = W(k) + \eta E(k) \cdot g'[U(k)] \cdot V \cdot g'[W(k)^T X + B_1(k)]^T \cdot X \quad (6.15)$$

$$V(k+1) = V(k) + \eta E(k) \cdot g'[U(k)][gW(k)^T X + B_1(k)^T]^T \quad (6.16)$$

（6）令 $k = k+1$，重复第（2）步，直至 $e_j(k)$ 满足所要求的精度。

BP 神经网络算法的流程图如图 6.4 所示。

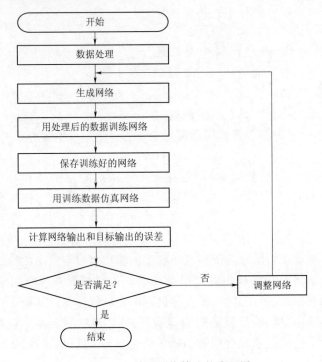

图 6.4　BP 神经网络算法的流程图

6.3　BP 神经网络隐含层节点数确定

6.3.1　输入/输出数据的选择

采用渭河流域上游林家村水文站 1956—2000 年径流资料以及几个气象站同时期的气温和降水资料，其中 1956—1995 年的实测资料作为训练样本，1996—2000 年的径流资料作为检验样本对模型加以检验。

为筛选较适合的径流预测神经网络模型，建立了四种神经网络模型对径流预测效果加以比较。四种神经网络模型分别为径流时间序列的预测模型（模型一）、考虑气温影响的径流预测模型（模型二）、考虑降水影响的径流预测模型（模型三）、考虑气温和降水影响的径流预测模型（模型四）。四种模型的输出均为预测的径流量。

6.3.2　数据归一化处理

为了提高网络的训练精度以及程序的运行速度，需要对原始时间序列数据样本进行归一化处理。

设某水文观测的序列资料为 x_1，x_2，$\cdots$，x_n，则归一化公式为

$$y_i = \frac{x_i - x_{\min}}{x_{\max} - x_{\min}}(i = 1, 2, \cdots, n)\tag{6.17}$$

式中　y_i——归一化后的数据；

　　　$x_{\min}$——样本资料的最小值；

　　　$x_{\max}$——样本资料的最大值。

在实际建模过程中，若使用 MATLAB 编程，一般只需要调用 MATLAB 中 mapminmax 函数作为 BP 神经网络数据归一化的转换函数，mapminmax 函数的值域为 $[-1, 1]$。

6.3.3　模型参数的确定

1. 确定网络层数

在建立 BP 神经网络模型的时候，一般根据需要设置隐含层数，大量研究表明 3 层的 BP 神经网络模型就能满足要求，因此本章采用 3 层 BP 神经网络，即一层输入层、一层输出层、一层隐含层。

2. 确定隐含层节点数

目前隐含层神经元个数的确定没有统一的公式，一般根据经验公式结合试算的方法来确定。隐含层节点数的多少直接关系着网络学习的速率和训练精度，若隐含层单元数过少，则会影响训练精度；若隐含层单元数过多，则会影响网络学习的时间，甚至 BP 神经网络会失去概括能力。

一般选取隐含层的节点数可参照式（6.18）和式（6.19）。

$$\frac{1.1M}{10} \leqslant H(n+1) \leqslant \frac{3M}{10}\tag{6.18}$$

式中　M——训练样本总数；

　　　n——输入层单元数；

　　　H——隐含层单元数。

$$n = \sqrt{n_1 + n_2} + a\tag{6.19}$$

式中　n——隐含层的节点数；

　　　n_1——输入层的节点数；

　　　n_2——输出层的节点数；

　　　a——1～10 之间的常数。

本章选取隐含层节点数时综合考虑式（6.18）和式（6.19）。

6.4　BP 神经网络径流预测模型

基于 BP 神经网络，建立四种径流预测模型，四种模型的输出相同，均为年径流量，但输入不同。其中模型一的输入为径流量，模型二的输入为气温、径流量，模型三的输入为降水量、径流量。模型四的输入为气温、降水量和径流量。

6.4.1　考虑径流时间序列的径流预测模型（模型一）

首先，尝试建立径流时间序列预测模型，要预测第 t 年的径流量，可用第 $t-1$ 年和第 $t-2$ 年的径流量作为输入，建立 BP 神经网络加以预测，即用前两年的径流样本预测当年的径流量，模型结构为 2-3-1。所建径流时间序列 BP 神经网络预测模型：输入层有 2 个节点，隐含层有 3 个节点，输出层有 1 个节点。对 40 个样本进行训练，根据训练好的模型得到 5 个检验样本的预测结果，见表 6.1。5 个检验样本的预测结果显示，最小绝对误差为 7.913 亿 m^3，最小相对误差为 62.9%；最大绝对误差为 15.626 亿 m^3，最大相对误差为 247.5%；平均相对误差为 124.7%，相对误差均远远超过 20%，说明该预测模型不合格。

表 6.1　　　　　径流 BP 神经网络训练结果及误差（前两年预测当年）

年份	预测值 /亿 m^3	实测值 /亿 m^3	绝对误差 /亿 m^3	相对误差 /%
1996	10.438	24.084	13.646	56.7
1997	6.314	21.940	15.626	71.2
1998	12.118	21.581	9.463	43.9
1999	12.572	20.485	7.913	38.6
2000	11.862	24.206	12.344	51.0

改变输入，用第 $t-1$ 年的径流量预测第 t 年的径流量。

所建径流时间序列 BP 神经网络预测模型：输入层有 1 个节点，隐含层有 3 个节点，输出层有 1 个节点，即模型结构为 1-3-1。

对训练后的模拟结果进行反归一和反标准化处理，网络训练结果见表 6.2。1-3-1 模型预测结果好于 2-3-1 模型，命名 1-3-1 模型为模型一。

表 6.2　　　　　　径流 BP 神经网络训练结果及误差（模型一）

年份	模拟值 /亿 m^3	实测值 /亿 m^3	绝对误差 /亿 m^3	相对误差 /%
1956	27.501	27.423	0.078	0.3
1957	17.885	18.144	0.259	1.4
1958	21.773	23.694	1.921	8.1
1959	23.655	25.095	1.440	5.7
1960	17.181	16.423	0.758	4.6
1961	36.473	35.496	0.977	2.7
1962	28.521	28.011	0.510	1.8
1963	26.964	27.114	0.150	0.5
1964	43.250	49.732	6.482	13.0

续表

年份	模拟值 /亿 m³	实测值 /亿 m³	绝对误差 /亿 m³	相对误差 /%
1965	21.186	23.175	1.989	8.6
1966	34.957	32.896	2.061	6.3
1967	42.757	49.250	6.493	13.2
1968	38.022	41.920	3.898	9.3
1969	19.229	20.850	1.621	7.8
1970	36.180	34.832	1.348	3.9
1971	16.175	14.498	1.677	11.6
1972	13.493	11.707	1.786	15.3
1973	25.804	26.438	0.634	2.4
1974	17.585	17.400	0.185	1.1
1975	35.307	33.356	1.951	5.8
1976	36.783	36.362	0.421	1.2
1977	21.850	23.758	1.908	8.0
1978	26.686	26.953	0.268	1.0
1979	20.100	22.037	1.937	8.8
1980	21.094	23.089	1.995	8.6
1981	35.656	33.878	1.778	5.2
1982	17.752	17.815	0.063	0.4
1983	32.398	30.492	1.906	6.3
1984	37.370	38.742	1.372	3.5
1985	33.850	31.704	2.146	6.8
1986	18.659	19.859	1.200	6.0
1987	16.912	15.830	1.082	6.8
1988	20.718	22.719	2.001	8.8
1989	26.085	26.603	0.518	2.0
1990	29.858	28.803	1.055	3.7
1991	16.990	15.996	0.994	6.2
1992	25.375	26.182	0.807	3.1
1993	21.070	23.066	1.996	8.7
1994	15.444	13.512	1.932	14.3
1995	8.814	9.002	0.188	2.1

将表 6.2 中训练结果的模拟值与实测值进行绘图，得到图 6.5。

40 个训练样本的最小相对误差为 0.3%，最大相对误差为 15.2%，平均相对误差为 5.9%，将标准化和归一化处理后的年径流序列导入训练好的神经网络中，得到 5 个检验

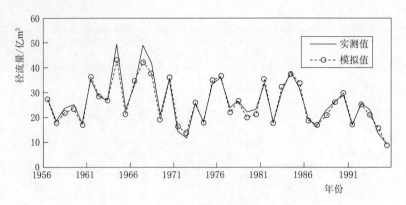

图 6.5　模拟值与实测值对比图（模型一）

样本的预测结果，见图 6.6 和表 6.3。

表 6.3　　　　　　径流 BP 神经网络预测结果及误差（模型一）

年份	预测值/亿 m³	实测值/亿 m³	绝对误差/亿 m³	相对误差/%
1996	9.123	10.438	1.315	12.6
1997	7.288	6.314	0.974	15.4
1998	10.849	12.118	1.269	10.5
1999	11.428	12.572	1.144	9.1
2000	10.542	11.862	1.320	11.1

　　预测最小相对误差为 9.1%，最大相对误差为 15.4%，平均相对误差为 11.7%，远远小于 2-3-1 模型预测的平均相对误差。

　　《水文情报预报规范》（GB/T 22482—2008）规定，预报结果的相对误差不超过 20% 的为合格，预测项目精度等级分甲、乙和丙三个等级，合格率不小于 85% 为甲

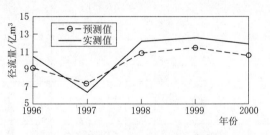

图 6.6　预测值与实测值对比图（模型一）

级，合格率在 70%～85% 为乙级，合格率在 60%～70% 为丙级，具体见表 6.4。

　　根据模拟结果和预测结果与实测值的对比，得出模型一径流时间序列 BP 神经网络模型的预测结果分析，见表 6.5。

表 6.4　　　　　　　　　预 测 项 目 精 度 等 级

精度等级	甲	乙	丙
合格率 QR/%	$QR \geqslant 85$	$85 > QR \geqslant 70$	$70 > QR \geqslant 60$

表 6.5　　　　　　径流 BP 神经网络预测结果分析（模型一）

主要参数指标	模拟	预测	主要参数指标	模拟	预测
序列长度/年	40	5	相对误差≤10% 的年数/年	34	1
最大绝对误差/亿 m³	6.493	1.320	10%<相对误差≤20% 的年数/年	6	4
最大相对误差/%	15.2	15.4	相对误差>20% 的年数/年	0	0

　　根据表 6.4 和表 6.5，在长度为 40 的模拟序列中，相对误差在 [0，10%] 的年数为

34，在（10%，20%］的年数为 6，模拟序列的样本误差均没有超过 20%，合格率为
100%。在预测序列中，预测样本的相对误差最大为 15.4%；相对误差在［0，10%］的年
数为 1，在（10%，20%］的年数为 4，5 个预测样本的相对误差均不超过 20%，均为合
格，合格率为 100%，精度等级为甲级。

6.4.2　考虑气温影响的径流预测模型（模型二）

模型二为考虑渭河流域上游气温因子影响的 BP 神经网络径流预测模型。1956—1995
年共 40 年的气温和径流量作为模型训练样本，1996—2000 年共 5 年的径流量作为模型检
验样本。所建 BP 神经网络模型：输入层有 2 个节点（即气温和径流量），隐含层有 4 个节
点，输出层有 1 个节点。

对训练后的模拟预测结果进行反归一和反标准化处理，网络训练结果见表 6.6。

表 6.6　　　　　　　　径流 BP 神经网络训练结果及误差（模型二）

年份	模拟值 /亿 m³	实测值 /亿 m³	绝对误差 /亿 m³	相对误差 /%
1956	28.640	27.423	1.217	4.4
1957	19.620	18.144	1.476	8.1
1958	24.866	23.694	1.172	4.9
1959	25.949	25.095	0.854	3.4
1960	17.559	16.423	1.136	6.9
1961	35.864	35.496	0.368	1.0
1962	28.841	28.011	0.830	3.0
1963	28.314	27.114	1.200	4.4
1964	49.131	49.732	0.601	1.2
1965	24.337	23.175	1.162	5.0
1966	33.246	32.896	0.350	1.1
1967	48.820	49.250	0.430	0.9
1968	42.162	41.920	0.242	0.6
1969	22.130	20.850	1.280	6.1
1970	35.513	34.832	0.681	2.0
1971	16.168	14.498	1.670	11.5
1972	13.588	11.707	1.881	16.1
1973	26.978	26.438	0.540	2.0
1974	18.942	17.400	1.542	8.9
1975	34.123	33.356	0.767	2.3
1976	37.114	36.362	0.752	2.1
1977	24.433	23.758	0.675	2.8
1978	27.609	26.953	0.656	2.4

续表

年份	模拟值 /亿 m³	实测值 /亿 m³	绝对误差 /亿 m³	相对误差 /%
1979	22.869	22.037	0.832	3.8
1980	24.340	23.089	1.251	5.4
1981	34.408	33.878	0.530	1.6
1982	19.047	17.815	1.232	6.9
1983	31.310	30.492	0.818	2.7
1984	39.368	38.742	0.626	1.6
1985	32.514	31.704	0.810	2.6
1986	20.977	19.859	1.118	5.6
1987	16.908	15.830	1.078	6.8
1988	23.834	22.719	1.115	4.9
1989	27.586	26.603	0.983	3.7
1990	29.397	28.803	0.594	2.1
1991	17.220	15.996	1.224	7.7
1992	27.304	26.182	1.122	4.3
1993	24.439	23.066	1.373	6.0
1994	14.557	13.512	1.045	7.7
1995	9.844	9.002	0.842	9.4

　　模拟值与实测值对比如图 6.7 所示。40 个训练样本的相对误差在 0.6%～16.1%，平均相对误差为 4.5%。

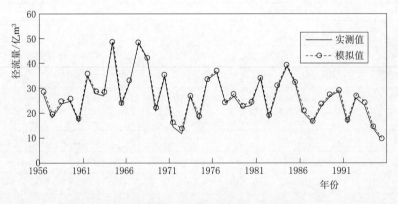

图 6.7　模拟值与实测值对比图（模型二）

　　将标准化和归一化处理后的年径流量与气温序列导入训练好的神经网络中，得径流预测结果见表 6.7 和图 6.8。

表 6.7   径流 BP 神经网络预测结果及误差（模型二）

年份	预测值 /亿 m³	实测值 /亿 m³	绝对误差 /亿 m³	相对误差 /%
1996	12.017	10.438	1.579	15.1
1997	7.408	6.314	1.094	17.3
1998	12.619	12.118	0.501	4.1
1999	13.265	12.572	0.693	5.5
2000	12.888	11.862	1.026	8.6

预测最小相对误差为 4.1%，最大相对误差为 17.3%，平均相对误差为 10.1%。

根据模拟结果和预测结果与实测值的分析，模型二的径流 BP 神经网络预测结果分析见表 6.8。

表 6.8   径流 BP 神经网络预测结果
分析（模型二）

主要参数指标	模拟	预测
序列长度/年	40	5
最大绝对误差/亿 m³	1.881	1.579
最大相对误差/%	16.1	17.3
相对误差≤10%的年数/年	38	3
10%＜相对误差≤20%的年数/年	2	2
相对误差＞20%的年数/年	0	0

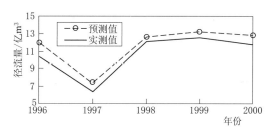

图 6.8   预测值与实测值对比图（模型二）

结果显示，在长度为 40 的模拟序列中，相对误差在 [0，10%] 的年数为 38，在 (10%，20%] 的年数为 2，模拟序列的样本误差均没有超过 20%，合格率为 100%。在预测序列中，预测样本的相对误差最大为 17.3%；相对误差在 [0，10%] 的年数为 3，在 (10%，20%] 的年数为 2，5 个预测样本的相对误差均不超过 20%，均为合格，合格率为 100%，根据表 6.4 的规定，模型二的预测精度等级为甲级。

6.4.3   考虑降水影响的径流预测模型（模型三）

模型三为考虑渭河流域上游降水因子的 BP 神经网络径流预测模型。同样，1956—1995 年共 40 年的降水量和径流资料作为模型训练样本，1996—2000 年共 5 年的径流资料作为模型检验样本。所建模 BP 神经网络模型：输入层有 2 个节点（即降水量和径流量），隐含层有 4 个节点，输出层有 1 个节点。

对训练后的模拟预测结果进行反归一和反标准化处理，网络训练结果见表 6.9 和图 6.9。

表 6.9   径流 BP 神经网络训练结果及误差（模型三）

年份	模拟值 /亿 m³	实测值 /亿 m³	绝对误差 /亿 m³	相对误差 /%
1956	27.663	27.423	0.240	0.9
1957	18.593	18.144	0.449	2.5

续表

年份	模拟值 /亿 m³	实测值 /亿 m³	绝对误差 /亿 m³	相对误差 /%
1958	23.975	23.694	0.281	1.2
1959	25.247	25.095	0.152	0.6
1960	16.785	16.423	0.362	2.2
1961	34.780	35.496	0.716	2.0
1962	28.060	28.011	0.049	0.2
1963	27.350	27.114	0.236	0.9
1964	47.467	49.732	2.265	4.6
1965	23.459	23.175	0.284	1.2
1966	32.436	32.896	0.460	1.4
1967	47.314	49.250	1.936	3.9
1968	40.732	41.920	1.188	2.8
1969	21.198	20.850	0.348	1.7
1970	34.421	34.832	0.411	1.2
1971	15.116	14.498	0.618	4.3
1972	12.587	11.707	0.880	7.5
1973	26.466	26.438	0.028	0.1
1974	17.889	17.400	0.489	2.8
1975	33.096	33.356	0.260	0.8
1976	36.004	36.362	0.358	1.0
1977	23.894	23.758	0.136	0.6
1978	26.990	26.953	0.037	0.1
1979	22.240	22.037	0.203	0.9
1980	23.407	23.089	0.318	1.4
1981	33.416	33.878	0.462	1.4
1982	18.179	17.815	0.364	2.0
1983	30.418	30.492	0.074	0.2
1984	38.232	38.742	0.510	1.3
1985	31.561	31.704	0.143	0.5
1986	20.163	19.859	0.304	1.5
1987	16.192	15.830	0.362	2.3
1988	22.992	22.719	0.273	1.2
1989	26.756	26.603	0.153	0.6
1990	28.735	28.803	0.068	0.2
1991	16.392	15.996	0.396	2.5
1992	26.401	26.182	0.219	0.8
1993	23.437	23.066	0.371	1.6
1994	13.948	13.512	0.436	3.2
1995	9.722	9.002	0.720	8.0

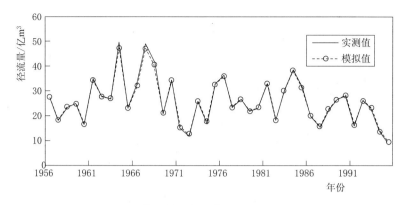

图 6.9　模拟值与实测值对比图（模型三）

40 个训练样本的最小相对误差为 0.1%，最大相对误差为 8.0%，平均相对误差为 1.9%，将标准化和归一化处理后的年径流量和年降水量序列导入训练好的神经网络中，得到 5 个检验样本的预测结果，见图 6.10 和表 6.10。

预测最小相对误差为 3.4%，最大相对误差为 17.0%，平均相对误差为 7.2%。

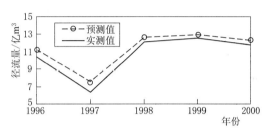

图 6.10　预测值与实测值对比图（模型三）

表 6.10　　　　　　　　径流 BP 神经网络预测结果及误差（模型三）

年份	预测值 /亿 m³	实测值 /亿 m³	绝对误差 /亿 m³	相对误差 /%
1996	11.217	10.438	0.779	7.5
1997	7.388	6.314	1.074	17.0
1998	12.549	12.118	0.431	3.6
1999	12.997	12.572	0.425	3.4
2000	12.382	11.862	0.520	4.4

根据模拟结果和预测结果与实测值的对比分析，模型三的 BP 神经网络预测结果分析见表 6.11。

表 6.11　　　　　　　　径流 BP 神经网络预测结果分析（模型三）

主要参数指标	模拟	预测	主要参数指标	模拟	预测
序列长度/年	40	5	相对误差≤10%的年数/年	40	4
最大绝对误差/亿 m³	2.265	1.074	10%<相对误差≤20%的年数/年	0	1
最大相对误差/%	8.0	17.0	相对误差>20%的年数/年	0	0

从表 6.11 分析得出，在长度为 40 的模拟序列中，样本的相对误差最大为 8.0%；相对误差在 [0，10%] 的年数为 40，模拟序列的样本误差均没有超过 10%，合格率为

100％。在预测序列中，预测样本的相对误差最大为 17.0％；相对误差在 ［0，10％］ 的年数为 4，在 （10％，20％］ 的年数为 1，5 个预测样本的相对误差均不超过 20％，均为合格，模型三的预测精度等级为甲级。

6.4.4　考虑气温和降水影响的径流预测模型（模型四）

模型四为同时考虑渭河流域上游气温和降水量资料建立的 BP 神经网络径流预测模型。其中，1956—1995 年共 40 年的气温、降水量和径流资料作为模型的训练样本，1996—2000 年共 5 年的径流资料作为模型检验样本。所建 BP 神经网络模型：输入层有 3 个节点（即气温、降水量和径流量），隐含层有 3 个节点，输出层有 1 个节点。

对训练后的模拟结果进行反归一和反标准化处理，网络训练结果见表 6.12。

表 6.12　径流 BP 神经网络训练结果及误差（模型四）

年份	模拟值 /亿 m³	实测值 /亿 m³	绝对误差 /亿 m³	相对误差 /％
1956	27.643	27.423	0.220	0.8
1957	18.557	18.144	0.413	2.3
1958	24.373	23.694	0.679	2.9
1959	25.315	25.095	0.220	0.9
1960	16.740	16.423	0.317	1.9
1961	35.919	35.496	0.423	1.2
1962	28.040	28.011	0.029	0.1
1963	27.323	27.114	0.209	0.8
1964	49.193	49.732	0.539	1.1
1965	23.430	23.175	0.255	1.1
1966	33.432	32.896	0.536	1.6
1967	48.823	49.250	0.427	0.9
1968	42.051	41.920	0.131	0.3
1969	20.916	20.850	0.066	0.3
1970	34.854	34.832	0.022	0.1
1971	15.170	14.498	0.672	4.6
1972	12.697	11.707	0.990	8.5
1973	27.105	26.438	0.667	2.5
1974	18.128	17.400	0.728	4.2
1975	33.429	33.356	0.073	0.2
1976	36.430	36.362	0.068	0.2
1977	23.924	23.758	0.166	0.7
1978	27.146	26.953	0.193	0.7
1979	22.360	22.037	0.323	1.5
1980	23.742	23.089	0.653	2.8
1981	34.653	33.878	0.775	2.3
1982	18.312	17.815	0.497	2.8

续表

年份	模拟值 /亿 m³	实测值 /亿 m³	绝对误差 /亿 m³	相对误差 /%
1983	30.667	30.492	0.175	0.6
1984	38.602	38.742	0.140	0.4
1985	32.106	31.704	0.402	1.3
1986	20.346	19.859	0.487	2.5
1987	16.763	15.830	0.933	5.9
1988	23.238	22.719	0.519	2.3
1989	26.664	26.603	0.061	0.2
1990	29.059	28.803	0.256	0.9
1991	16.774	15.996	0.778	4.9
1992	26.295	26.182	0.113	0.4
1993	23.308	23.066	0.242	1.0
1994	13.829	13.512	0.317	2.3
1995	9.860	9.002	0.858	9.5

模拟值与实测值对比如图 6.11 所示。40 个训练样本的相对误差在 0.1%～9.5%，平均相对误差为 2.0%。

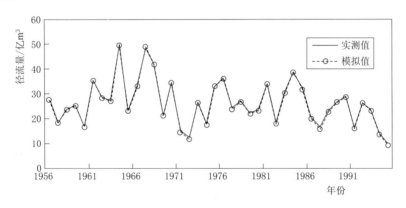

图 6.11 模拟值与实测值对比图（模型四）

将标准化和归一化处理后的年径流量与气温和降水量序列导入训练好的神经网络中，得预测结果见表 6.13 和图 6.12。

表 6.13　　　　　　　　径流 BP 网络预测结果及误差（模型四）

年份	预测值 /亿 m³	实测值 /亿 m³	绝对误差 /亿 m³	相对误差 /%
1996	9.753	10.438	0.685	6.6
1997	5.482	6.314	0.832	13.2
1998	11.519	12.118	0.599	4.9
1999	12.074	12.572	0.498	4.0
2000	11.243	11.862	0.619	5.2

预测最小相对误差为 4.0%，最大相对误差为 13.2%，平均相对误差为 6.8%。

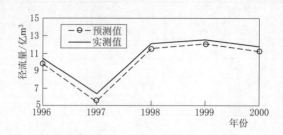

图 6.12 预测值与实测值对比图（模型四）

根据模拟结果和预测结果与实测值的对比分析，得出模型四的 BP 神经网络预测结果分析见表 6.14。

表 6.14　　　　　　　　　　径流 BP 神经网络预测结果分析（模型四）

主要参数指标	模拟	预测	主要参数指标	模拟	预测
序列长度/年	40	5	相对误差≤10%的年数/年	40	4
最大绝对误差/亿 m³	0.990	0.832	10%＜相对误差≤20%的年数/年	0	1
最大相对误差/%	9.5	13.2	相对误差＞20%的年数/年	0	0

结果显示，在长度为 40 的模拟序列中，样本的相对误差最大为 9.5%；相对误差在 [0，10%] 的年数为 40，模拟序列的样本误差均没有超过 10%，合格率为 100%。在预测序列中，预测样本的相对误差最大为 13.2%；相对误差在 [0，10%] 的年数为 4，在 (10%，20%] 的年数为 1，5 个预测样本的相对误差均不超过 20%，均为合格，合格率为 100%，根据表 6.4 的规定，精度等级为甲级。

通过四种模型预测结果分析对比可以发现，四种模型预测的精度均为合格，而且精度等级均为甲级，说明所建立的四种 BP 神经网络模型预测效果好，可以用于径流预测。模型二、模型三和模型四的预测精度总体上均比模型一的高，从四种模型的平均相对误差的比较中可以得出，模型四的预测精度最好，模型三次之，然后是模型二、模型一，见表 6.15。即模型中单独考虑气温或降水量，及同时考虑气温和降水量的模型均比没有考虑气象因子的模型的预测精度高，充分说明气温和降水量对径流有影响。

表 6.15　　　　　　　　　　四种径流 BP 神经网络模型预测精度对比

模型	输入变量	输出变量	绝对误差/亿 m³		相对误差/%		
			最小	最大	最小	最大	平均
模型一	R	R	0.974	1.320	9.1	15.4	11.7
模型二	T，R	R	0.501	1.579	4.1	17.3	10.1
模型三	P，R	R	0.425	1.074	3.4	17.0	7.2
模型四	T，P，R	R	0.498	0.832	4.0	13.2	6.8

注　表中 R 表示径流量，T 表示气温，P 表示降水量。

第7章

渭河流域中游气象因子变化特征分析

本章应用线性趋势法、累积距平法、Kendall 非参数秩次相关检验法和 Mann -Kendall 突变检验法对渭河流域中游降水量、气温和风速的距平、年变化速率、四季变化速率、突变点等时空分布规律进行分析。

7.1 渭河流域中游气温变化趋势分析

7.1.1 气温距平分析

根据中国气象数据网（data. cma. cn）提供的气象数据，摘录渭河流域中游气象代表站 1960—2005 年 46 年的资料，计算各年代平均气温及距平，具体见表 7.1 和图 7.1。从图表中可看出，渭河流域中游 46 年来的平均气温有所波动，总体呈现出上升趋势。20 世纪 60 年代（1960—1969 年）均值为 13.36℃，70 年代（1970—1979 年）均值为 13.42℃，80 年代（1980—1989 年）均值为 13.33℃，90 年代（1990—1999 年）均值为 14.16℃，2000—2005 年均值为 14.96℃。46 年间最高年平均气温出现在 2002 年，为 15.49℃；最低年平均气温出现在 1984 年，为 12.72℃。

表 7.1　　　　　　　　　渭河流域中游各年代平均气温及距平

年　代	平均气温/℃	距平/℃	与常年比较	年　代	平均气温/℃	距平/℃	与常年比较
60	13.36	−0.39	低	90	14.16	0.41	高
70	13.42	−0.33	低	2000—2005 年	14.96	1.21	高
80	13.33	−0.42	低	平均	13.75		

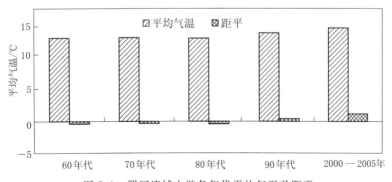

图 7.1　渭河流域中游各年代平均气温及距平

20 世纪 60 年代、70 年代、80 年代、90 年代和 2000—2005 年平均气温与多年平均值相比，距平分别为 −0.39℃、−0.33℃、−0.42℃、0.41℃ 和 1.21℃，气温变化逐渐由偏低转向偏高，90 年代和 2000—2005 年平均气温呈增加趋势。从进入 90 年代，气温明显上升，高出多年平均值 3.0%，进入 2000 年，气温增加趋势加大，高出多年平均值 8.8%。各年代的气温变差系数 C_v 值分别为 0.0244、0.0306、0.0244、0.0506 和 0.0297，说明气温具有一定的波动性。由于 2005 年以后缺乏数据统计，排除 2000 年代，90 年代气温的变差系数最大为 0.0506，90 年代各年气温与其平均气温的离散程度大，表明每年气温波动性增强。

以上分析了年代际之间的气温变化，下面采用滑动平均法根据每年气温距平和滑动平均值来进一步分析气温的变化。气象要素的时间序列中包含多种时间尺度变化，对于趋势分析而言，希望保留长期变化过程，而去除掉其他成分。滑动平均是趋势拟合技术最基础的方法，相当于低通滤波，把序列高频分量滤去，而突出长期的气象变化趋势，用确定时间序列的平滑值来显示变化趋势。滑动长度越大，被过滤掉的短周期越长。

滑动平均线能较好地反映时间序列的趋势及其变化，滑动平均的过程其实就是削弱短周期振荡对数据的影响，从而突出长周期波动的作用，因而也反映了气象变量长周期的变化状况。

图 7.2 所示为渭河流域中游逐年气温距平及 11 年滑动平均曲线。滑动后序列能消除 10 年以下的周期振荡，从而体现出 10 年以上周期振荡特征。由图 7.2 可以看出，气温演变呈增加的态势，就大的趋势来看，20 世纪 60 年代以来气温基本呈波动性增加。90 年代以后气温增高，负距平较少，正距平较多，增温明显。2000 年以后，各年气温距平值全部为正，说明 2000 年以后气温增温明显，与全球气候变暖的大背景是一致的。

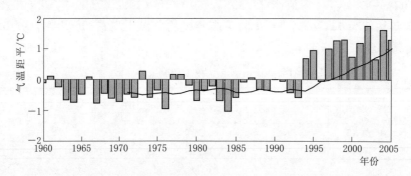

图 7.2　渭河流域中游逐年气温距平及 11 年滑动平均曲线

7.1.2　年平均气温变化趋势及显著性检验

渭河流域中游气温年际变化趋势如图 7.3 所示。年平均气温变化线性拟合倾向率为 0.373℃/10a，渭河流域中游 46 年来的平均气温有所波动，总体呈现出增温的趋势，1995 年以后，气温增加显著。

利用 Kendall 非参数秩次相关检验法对 1960—2005 年 46 年间渭河流域中游年平均气温资料进行分析，当 $n=46$，信度水平 α 分别取 0.1、0.05 和 0.01 时，正态分布双侧检验

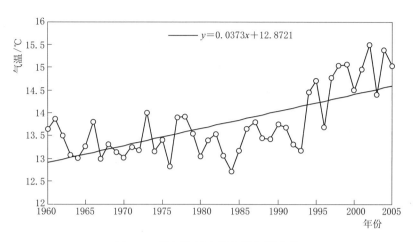

图 7.3　渭河流域中游气温年际变化

临界值 $U_{\alpha/2}$ 的值分别为 1.645、1.960 和 2.576。

由式（3.5）～式（3.8）计算得出

$$\tau = 454，Var(\tau) = 11155$$

则

$$U_{MK} = 4.289$$

由 $|4.289| > 2.576$，说明年平均气温的 Kendall 非参数秩次相关检验统计量绝对值大于信度水平 α 为 0.01 时的 $U_{\alpha/2} = 2.576$，表明年平均气温呈显著增高趋势。

7.1.3　四季气温变化趋势及显著性检验

对气温分季节进行分析，春季为每年的 3—5 月、夏季为每年的 6—8 月、秋季为每年的 9—11 月，冬季为每年的 12 月至翌年 2 月。

采用趋势法分析气温在春、夏、秋、冬四季的变化趋势，采用 Kendall 非参数秩次相关检验法检验气温在四季变化趋势的显著性，如图 7.4 所示。气温趋势分析表明，气温在

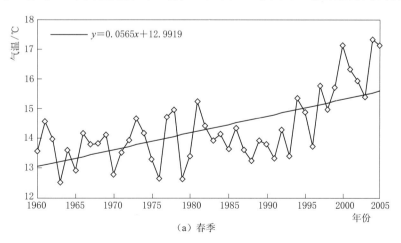

（a）春季

图 7.4（一）　渭河流域中游四季气温变化趋势

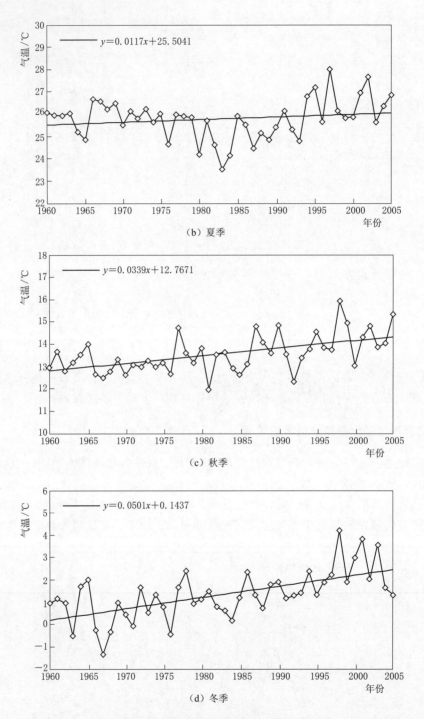

图 7.4（二） 渭河流域中游四季气温变化趋势

春、夏、秋、冬季均呈递增趋势，递增速率分别为 0.565℃/10a、0.117℃/10a、0.339℃/10a 和 0.501℃/10a，其中春季的递增速率最大，其次是冬季，夏季的递增速率最小。春季和冬季的增温速率均大于全国增温速率 0.373℃/10a。

利用 Kendall 非参数秩次相关检验法对渭河流域中游春、夏、秋、冬四季气温资料进行分析，经计算春、夏、秋、冬四季的 U_{MK} 值分别为 3.891、0.474、3.787、4.299，信度水平 α 分别为 0.1、0.05 和 0.01 时，$U_{\alpha/2}$ 的值分别为 1.645、1.960 和 2.576，与临界值对比分析可知，冬季的递增趋势最为显著，春季的增温显著性排第二位，秋季的增温显著性排第三位，冬、春、秋季气温的递增趋势均通过信度水平 α 为 0.01 的显著性检验，夏季增温趋势不显著，说明冬、春、秋三个季节的气温增加对年平均气温增加的贡献最大，见表 7.2。

表 7.2　　　　渭河流域中游年平均气温及四季平均气温变化趋势显著性检验

项　目	Kendall 非参数秩次相关检验统计量 U_{MK}	$U_{0.1/2}=1.645$ 是否通过信度水平 $\alpha=0.1$ 的显著性检验	$U_{0.05/2}=1.960$ 是否通过信度水平 $\alpha=0.05$ 的显著性检验	$U_{0.01/2}=2.576$ 是否通过信度水平 $\alpha=0.01$ 的显著性检验
年平均气温	4.289	通过	通过	通过
春季平均气温	3.891	通过	通过	通过
夏季平均气温	0.474	未通过	未通过	未通过
秋季平均气温	3.787	通过	通过	通过
冬季平均气温	4.299	通过	通过	通过

7.2　渭河流域中游气温突变分析

7.2.1　累积距平法检验

根据渭河流域中游 1960—2005 年年平均气温资料，得出其年平均气温累积距平曲线，如图 7.5 所示，从图中可以看出年平均气温在 1960—1993 年波动下降，1993 年以后气温迅速上升，说明年平均气温在 1993 年可能发生了升高的突变。春、夏、秋、冬四季平均气温累积距平曲线如图 7.6～图 7.9 所示，从图中可知，春季平均气温在 1993 年发生了升高的突变；夏季平均气温在 1975 年发生了降低的突变，在 1993 年发生了升高的突变；秋季平均气温在 1986 年发生了升高的突变；冬季平均气温在 1985 年发生了升高的突变。

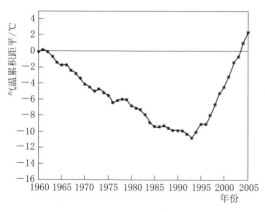

图 7.5　渭河流域中游年平均气温累积距平曲线

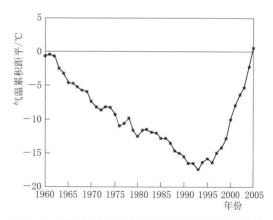

图 7.6　渭河流域中游春季平均气温累积距平曲线

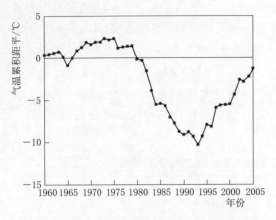

图 7.7　渭河流域中游夏季平均气温累积距平曲线　　图 7.8　渭河流域中游秋季平均气温累积距平曲线

7.2.2　Mann‐Kendall 突变检验

采用 Mann‐Kendall 突变检验法，对 1960—2005 年 46 年间渭河流域中游年平均气温及春、夏、秋、冬四季气温平均序列可能的突变点进行分析。由式（3.9）～式（3.14），计算年平均气温及四季平均气温的 UF_k 和 UB_k。

渭河流域中游年平均气温的 Mann‐Kendall 突变检验曲线如图 7.10 所示。从图中可以看出，年平均气温突变发生在 1995 年，1995 年之前其气温变化趋势不是

图 7.9　渭河流域中游冬季平均气温累积距平曲线

很显著，在 1995 年突变之后气温 UF 曲线向上超过了 0.05 临界线（$U_{0.05}=1.96$），流域气温呈显著增高趋势。

渭河流域中游 1960—2005 年 46 年间春季平均气温的 Mann‐Kendall 突变检验曲线如图 7.11 所示。春季气温的 UB 和 UF 曲线在 1998 年相交，提示 1998 年气温发生突变。在 1998 年突变之后气温 UF 曲线向上超过了 0.05 临界线（$U_{0.05}=1.96$），说明春季气温呈显著增高趋势。

渭河流域中游 1960—2005 年 46 年间夏季平均气温的 Mann‐Kendall 突变检验曲线如图 7.12 所示。夏季气温的 UB 和 UF 曲线未出现明显的交点，可视为夏季气温变化较为平缓，未发生突变。该结果也与利用 Kendall 非参数秩次相关检验法得出的结果相吻合，夏季气温增温趋势不显著，因此也未发生突变。

渭河流域中游 1960—2005 年 46 年间秋季平均气温的 Mann‐Kendall 突变检验曲线如图 7.13 所示。秋季气温的 UF 和 UB 曲线在 1993 年附近相交，而且 1993 年后 UF 曲线向上超出 0.05 临界线（$U_{0.05}=1.96$），说明秋季气温在 1993 年发生了突变，而且其发生突变时间与年平均气温突变时间最为接近。

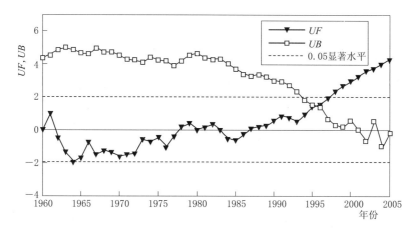

图 7.10　渭河流域中游年平均气温 Mann - Kendall 突变检验曲线

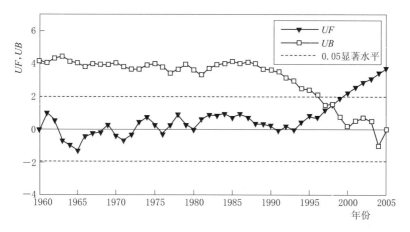

图 7.11　渭河流域中游春季平均气温 Mann - Kendall 突变检验曲线

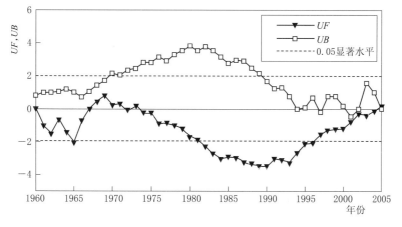

图 7.12　渭河流域中游夏季平均气温 Mann - Kendall 突变检验曲线

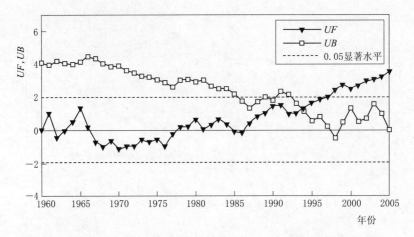

图 7.13　渭河流域中游秋季平均气温 Mann‐Kendall 突变检验曲线

　　渭河流域中游 1960—2005 年 46 年间冬季平均气温的 Mann‐Kendall 检验突变曲线如图 7.14 所示。冬季气温的 UF 和 UB 曲线在 1990 年附近相交，1990 年后不久 UF 曲线即超出 0.05 临界线（$U_{0.05}=1.96$），因此，冬季气温发生突变的时间为 1990 年，秋季和冬季的突变时间均早于年平均气温突变的时间，在冬季和秋季气温显著递增趋势的共同作用下，产生累积效应，使得年平均气温在 1995 年产生了突变。

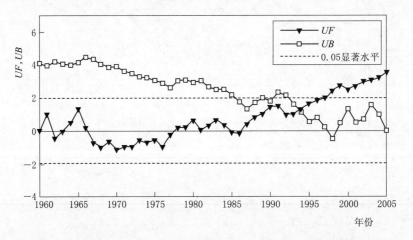

图 7.14　渭河流域中游冬季平均气温 Mann‐Kendall 突变检验曲线

7.2.3　滑动 T 检验

　　对渭河流域中游 1960—2005 年 46 年间年平均以及春、夏、秋、冬四季平均气温做等级为 $n_1=n_2=5$、$n_1=n_2=7$、$n_1=n_2=10$ 的滑动 T 检验，检验结果如图 7.15～图 7.20 所示，设定的显著性水平 $\alpha=0.01$，则 $n_1=n_2=5$、$n_1=n_2=7$、$n_1=n_2=10$ 对应的临界值分别为 3.355、3.055、2.878，T 值超过临界值即表明可能为突变点。

　　由图 7.15 可知，当 $n_1=n_2=5$ 时，年平均气温 T 值在 1993 年超过了负临界线

—3.355；当 $n_1 = n_2 = 7$ 时，年平均气温 T 值在 1993—1997 年超过了负临界线—3.055；当 $n_1 = n_2 = 10$ 时，T 值在 1989—1997 超过了负临界线—2.878。表明渭河流域中游年平均气温在 1989—1997 年出现了由冷到暖的突变。

由图 7.16 可知，当 $n_1 = n_2 = 5$ 时，春季平均气温 T 值没有超过正负临界线；当 $n_1 = n_2 = 7$ 时，春季平均气温 T 值在 1993—1998 年超过了负临界线—3.055；当 $n_1 = n_2 = 10$ 时，春季平均气温 T 值在 1993—1997 年均超过了负临界线—2.878。综合分析表明，渭河流域中游春季平均气温在 1993—1998 年出现了由冷到暖的突变。

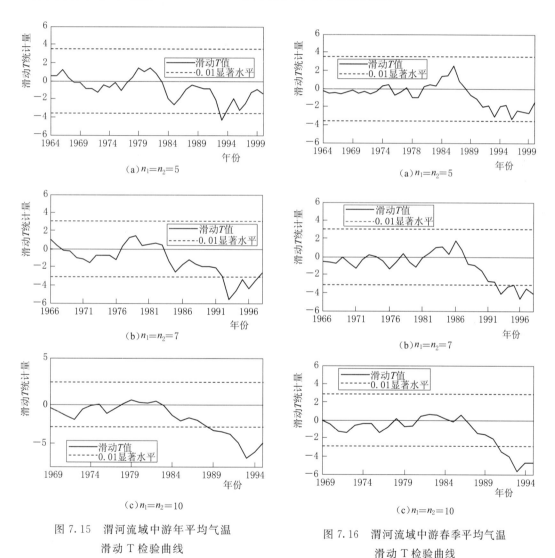

图 7.15　渭河流域中游年平均气温
滑动 T 检验曲线

图 7.16　渭河流域中游春季平均气温
滑动 T 检验曲线

由图 7.17 可知，当 $n_1 = n_2 = 5$ 时，夏季平均气温 T 值没有超过正负临界线；当 $n_1 = n_2 = 7$ 时，夏季平均气温 T 值在 1993 年超过了负临界线—3.055；当 $n_1 = n_2 = 10$ 时，夏季平均气温 T 值在 1975 年、1978 年、1979 年超过了正临界线 2.878，在 1989—1994 年

均超过了负临界线－2.878。表明渭河流域中游夏季平均气温在 1975 年、1978 年、1979 年出现由暖到冷的突变，在 1989—1994 年出现了由冷到暖的突变。

由图 7.18 可知，当 $n_1=n_2=5$、$n_1=n_2=7$、$n_1=n_2=10$ 时，秋季平均气温 T 值均没有超过临界线，表明渭河流域中游秋季平均气温没有发生突变。

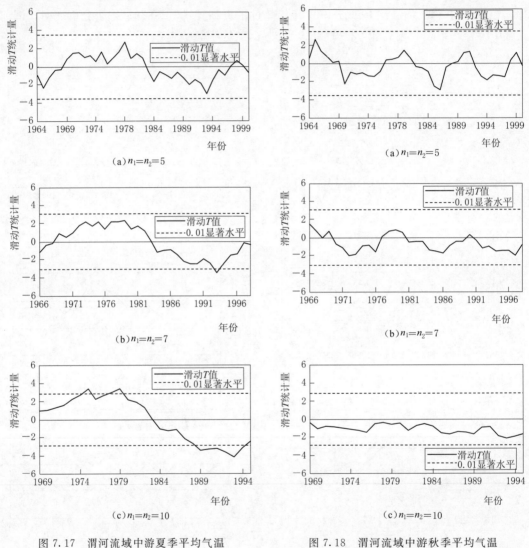

图 7.17　渭河流域中游夏季平均气温　　　　图 7.18　渭河流域中游秋季平均气温
　　　　滑动 T 检验曲线　　　　　　　　　　　　　滑动 T 检验曲线

由图 7.19 可知，当 $n_1=n_2=5$ 时，冬季平均气温 T 值没有超过正负临界线；当 $n_1=n_2=7$ 时，冬季平均气温 T 值在 1996 年超过了负临界线－3.055；当 $n_1=n_2=10$ 时，冬季平均气温 T 值在 1991 年、1992 年、1993 年、1995 年均超过了负临界线－2.878。表明渭河流域中游冬季平均气温在 1991 年、1992 年、1993 年、1995 年、1996 年出现了由冷到暖的突变。

7.2.4 Yamamoto 检验

应用 Yamamoto 检验法对渭河流域中游 1960—2005 年 46 年间年平均以及春、夏、秋、冬四季平均气温做等级为 $n_1 = n_2 = 5$、$n_1 = n_2 = 7$、$n_1 = n_2 = 10$ 的突变检验，据式 (3.20) 计算统计量 SNR，检验结果如图 7.20～图 7.24 所示，设定的显著性水平 $\alpha = 0.01$，SNR 值大于临界线 $SNR = 1$ 时即表明该点可能为突变点。

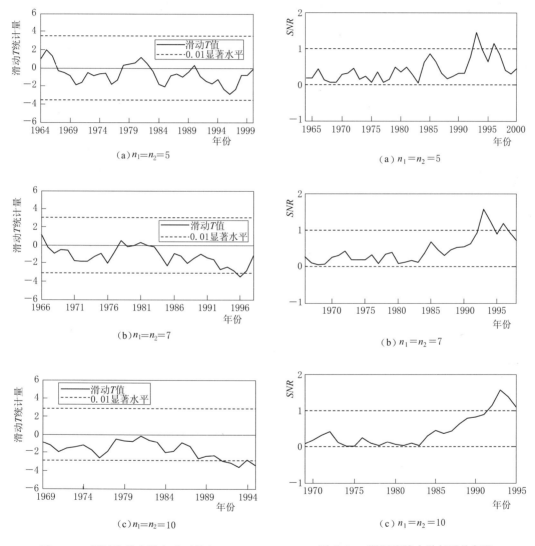

图 7.19　渭河流域中游冬季平均气温
滑动 T 检验曲线

图 7.20　渭河流域中游年平均气温
Yamamoto 检验曲线

由图 7.20 可知，当 $n_1 = n_2 = 5$ 时，年平均气温序列的 SNR 值在 1993 年和 1996 年超过了临界线 1.0；当 $n_1 = n_2 = 7$ 时，年平均气温序列的 SNR 值在 1993 年、1994 年、1996 年超过了临界线 1.0；当 $n_1 = n_2 = 10$ 时，年平均气温序列的 SNR 值在 1992—1995 年超过了临界线 1.0。综合分析表明，渭河流域中游年平均气温在 1992—1996 年发生了突变。

由图 7.21 可知，当 $n_1 = n_2 = 5$ 时，春季平均气温序列的 SNR 值在 1993 年和 1996 年超过了临界线 1.0；当 $n_1 = n_2 = 7$ 时，春季平均气温序列的 SNR 值在 1993 年、1996 年和 1998 年超过了临界线 1.0；当 $n_1 = n_2 = 10$ 时，春季平均气温序列的 SNR 值在 1992—1995 年超过了临界线 1.0。综合分析表明，渭河流域中游春季平均气温在 1992—1996 年，1998 年发生了突变。

由图 7.22 可知，当 $n_1 = n_2 = 5$、$n_1 = n_2 = 7$、$n_1 = n_2 = 10$ 时，夏季平均气温序列的 SNR 值均没有超过临界线 1.0，表明渭河流域中游夏季平均气温没有发生突变。

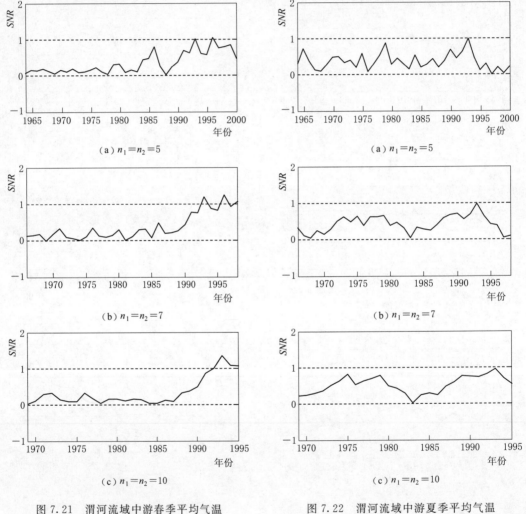

(a) $n_1 = n_2 = 5$

(b) $n_1 = n_2 = 7$

(c) $n_1 = n_2 = 10$

图 7.21 渭河流域中游春季平均气温
Yamamoto 检验曲线

图 7.22 渭河流域中游夏季平均气温
Yamamoto 检验曲线

由图 7.23 可知，当 $n_1 = n_2 = 5$、$n_1 = n_2 = 7$、$n_1 = n_2 = 10$ 时，秋季平均气温序列的 SNR 值均没有超过临界线 1.0，表明渭河流域中游秋季平均气温没有发生突变。

由图 7.24 可知，当 $n_1 = n_2 = 5$、$n_1 = n_2 = 7$、$n_1 = n_2 = 10$ 时，冬季平均气温序列的 SNR 值均没有超过临界线 1.0，表明渭河流域中游冬季平均气温没有发生突变。

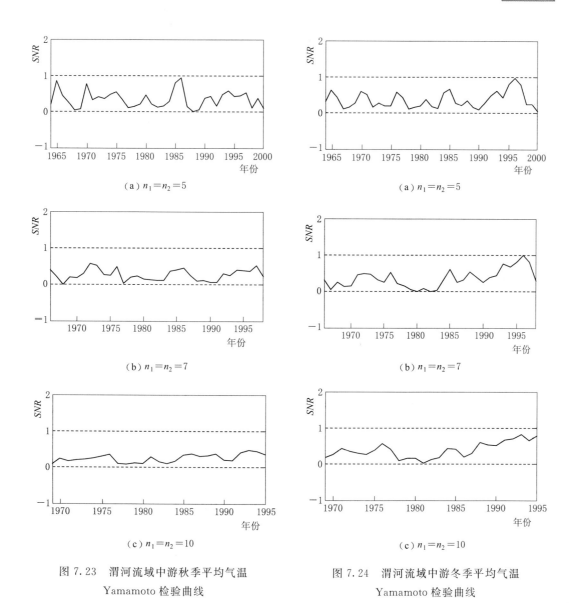

图 7.23 渭河流域中游秋季平均气温
Yamamoto 检验曲线

图 7.24 渭河流域中游冬季平均气温
Yamamoto 检验曲线

7.2.5 气温突变综合分析

通过累积距平法、Mann-Kendall 突变检验法、滑动 T 检验法、Yamamoto 检验法对渭河流域中游 1960—2005 年年平均气温及春、夏、秋、冬四季平均气温资料进行突变检验,为了保证突变检验的准确性和可信度,将四种方法结合来进行综合分析,至少两种方法同时显示出突变则判定为突变点,分析结果见表 7.3。通过综合分析可知,年平均气温在 1993 年、1995 年、1996 年发生由冷到暖的突变;春季平均气温在 1993 年和 1998 年发生由冷到暖的突变;夏季气温在 1975 年发生由暖变冷的突变,在 1993 年发生由冷到暖的突变;秋季和冬季平均气温无法准确判断突变时间。

表 7.3   渭河流域中游年、季节气温突变检验结果

气温	累积距平法	Mann-Kendall 突变检验法	滑动 T 检验法	Yamamoto 检验法	综合分析
年均	1993	1995	1989—1997	1992—1996	1993↑，1995↑，1996↑
春季	1993	1998	1993—1998	1992—1996，1998	1993↑，1998↑
夏季	1975，1993	/	1975，1978，1979，1989—1994	/	1975↓，1993↑
秋季	1986	1993	/	/	/
冬季	1985	1990	1991—1993，1995，1996	/	/

注 表中"↑"表示由冷变暖，"↓"表示由暖变冷，"/"表示未检测出突变点。

7.3 渭河流域中游降水变化趋势分析

7.3.1 降水距平分析

根据渭河流域中游水文代表站的降水资料，计算渭河流域中游各年代平均降水及距平，具体见表 7.4 和图 7.25。由图表中数据可知，20 世纪 60 年代、80 年代平均降水量分别为 47.8mm、50.8mm，均高于多年平均降水量，距平值为正，是相对丰水年代。20 世纪 70 年代、90 年代和 2000—2005 年平均降水量均低于多年平均降水量，为相对枯水年代，距平值为负。进入 90 年代，降水量较少，相对于多年平均降水量减少 6.7%，2000—2005 年降水量也相对偏少，相对于多年平均降水量减少 0.9%。

表 7.4   渭河流域中游各年代平均降水

年 代	平均降水量/mm	距平/mm	与常年比较	年 代	平均降水量/mm	距平/mm	与常年比较
60	47.8	1.7	高	90	43.0	−3.1	低
70	45.6	−0.5	低	2000—2005 年	45.7	−0.4	低
80	50.8	4.7	高	平均	46.1		

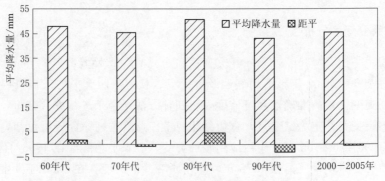

图 7.25 渭河流域中游降水量年代变化

进一步分析逐年降水量距平变化，图 7.26 所示为渭河流域中游逐年降水量距平及 11 年滑动平均曲线。从 11 年滑动平均曲线分析，各年降水量围绕滑动平均值上下变化，在滑动平均值以下的年份占多数，从长期来看，降水量呈下降趋势变化，进入 90 年代，直至分析期末 2005 年，降水量进入一个较长的相对枯水期，而同期的气温却呈显著的增加趋势。

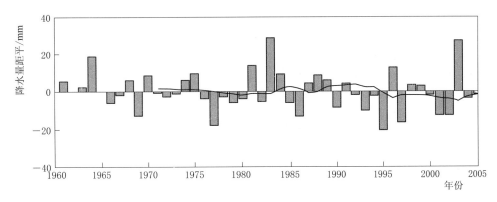

图 7.26　渭河流域中游逐年降水量距平及 11 年滑动平均曲线

7.3.2　年降水量变化趋势及显著性检验

采用线性趋势法分析降水量变化倾向率，降水量年际变化趋势如图 7.27 所示。降水量变化线性拟合倾向率为 $-0.909\text{mm}/10\text{a}$，年降水量呈减少趋势。

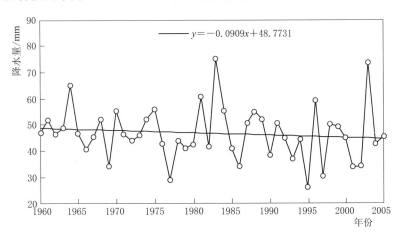

图 7.27　渭河流域中游降水量年际变化

利用 Kendall 非参数秩次相关检验法对 1960—2005 年 46 年间渭河流域中游年平均降水量资料进行分析，信度水平 α 分别为 0.1、0.05 和 0.01 时，正态分布双侧检验临界值 $U_{\alpha/2}$ 分别为 1.645、1.960 和 2.576。

由式（3.5）～式（3.8）计算得出

$$\tau = -153,\ Var(\tau) = 11155$$

则

$$U_{\text{MK}} = -1.439$$

由于 $|-1.439|<1.645$，说明年平均降水量的 Kendall 非参数秩次相关检验统计量绝对值小于信度水平 α 为 0.1 时的 $U_{\alpha/2}=1.645$，表明渭河流域中游降水量减少趋势不显著。

7.3.3　四季降水量分析

将渭河流域中游水文代表站 1960—2005 年降水量分春、夏、秋和冬四个季节进行分析，详见表 7.5。

在这 46 年中，从绝对值来分析，2001 年春季降水最少，为 52.6mm，占当年降水量的 13.2%，1987 年春季降水最多，为 245.7mm，占当年降水量的 39.5%。从相对值来分析，春季降水量占全年降水量比例范围为 11.4%～43.4%，占比例最低的年份为 2000 年，该年春季降水量为 62.0mm；占比例最高的年份为 1977 年，该年春季降水量为 151.0mm。

表 7.5　　　　　　　　　　渭河流域中游四季降水量

年份	春季降水量（3—5 月）/mm	夏季降水量（6—8 月）/mm	秋季降水量（9—11 月）/mm	冬季降水量（12 月至翌年 2 月）/mm
1960	127.50	258.10	171.40	5.30
1961	179.00	198.60	239.00	24.20
1962	65.60	250.90	212.80	7.90
1963	195.20	165.80	203.50	32.20
1964	207.70	211.10	340.60	13.50
1965	162.10	251.10	136.10	20.10
1966	115.10	191.40	166.00	22.50
1967	177.50	148.90	193.20	13.30
1968	149.70	104.00	354.30	22.70
1969	151.20	88.00	152.80	14.50
1970	174.10	268.60	203.70	21.60
1971	142.00	199.90	193.00	36.00
1972	122.80	211.00	154.60	13.70
1973	161.30	187.10	187.10	17.60
1974	150.30	183.00	253.10	31.70
1975	155.90	171.90	315.30	51.20
1976	124.70	208.10	144.50	13.70
1977	151.00	88.10	89.40	19.30
1978	115.00	178.20	225.40	33.30
1979	132.90	193.90	131.50	9.20
1980	139.40	204.50	158.60	27.50
1981	104.30	359.10	230.50	22.90
1982	97.80	240.70	141.60	9.40
1983	179.90	310.70	403.40	5.80
1984	76.90	274.40	284.90	30.60
1985	103.30	169.90	207.50	7.60
1986	71.80	157.60	166.90	10.90

年份	春季降水量（3—5月）/mm	夏季降水量（6—8月）/mm	秋季降水量（9—11月）/mm	冬季降水量（12月至翌年2月）/mm
1987	245.70	257.60	96.70	22.30
1988	158.30	298.60	176.20	68.40
1989	110.30	316.80	109.10	52.80
1990	116.90	224.20	88.90	8.60
1991	187.30	266.80	132.50	18.20
1992	140.80	216.90	178.50	28.30
1993	142.10	165.30	105.70	17.30
1994	95.80	206.60	197.80	21.20
1995	96.80	114.40	95.50	12.80
1996	85.60	347.00	268.40	23.50
1997	97.40	107.90	132.50	10.50
1998	209.90	302.90	77.20	0.70
1999	177.80	259.60	151.70	14.50
2000	62.00	289.60	162.70	29.50
2001	52.60	175.00	140.80	29.50
2002	109.60	154.30	112.10	56.30
2003	113.90	346.90	378.80	36.70
2004	81.20	213.30	167.40	30.00
2005	67.90	240.10	224.30	22.65

1969年夏季降水量为88.0mm，为46年中最少的一年，占当年降水量的比例为21.6%。1981年夏季降水量为359.1mm，为46年中最多的一年，占当年降水量的比例为50.1%。从相对值来分析，夏季降水量占全年降水量比例范围为16.5%～53.8%，占比例最低的年份为1968年，该年夏季降水量为104.0mm；占比例最高的年份为1989年，该年夏季降水量为316.8mm。

秋季降水量最少的年份是1998年，该年秋季降水量为77.2mm，占当年降水量的13.1%；秋季降水量最多的年份是1983年，该年秋季降水量为403.4mm，占当年降水量的44.8%。秋季降水量占全年降水量比例范围为13.1%～56.2%，秋季降水量占比最低为1998年，该年秋季降水量为77.2mm；秋季降水量占比最高的为1968年，该年秋季降水量为354.3mm。

冬季降水在四个季节中，无论绝对值及相对值都是最少的。在所分析的46年中，冬季降水量范围为0.7～68.4mm，冬季降水量最少的发生在1998年，该年冬季降水量占当年降水量的比例为0.1%；冬季降水量最多的发生在1988年，该年冬季降水量占当年降水量的比例为9.8%。从相对值来看，冬季降水量占全年降水量比例范围为0.1%～13.0%，最低为1998年，该年冬季降水量为0.7mm；最高为2002年，该年冬季降水量为56.3mm。1998年冬季降水量无论从绝对值和相对值来说，均是最少的。具体如图7.28和图7.29所示。

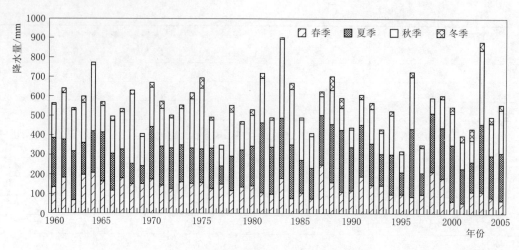

图 7.28 渭河流域中游四季降水量

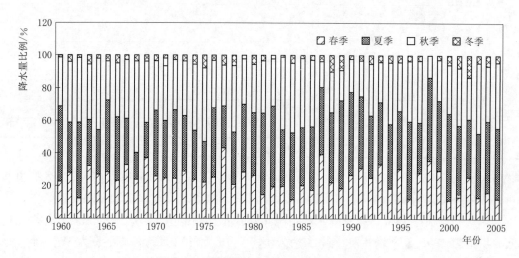

图 7.29 渭河流域中游四季降水量比例图

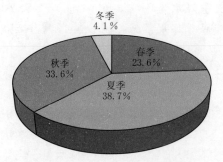

图 7.30 渭河流域中游多年平均
四季降水量比例（1960—2005 年）

从多年平均情况分析，夏季降水量占全年降水量的 38.7%，是四季中最多的，其次是秋季降水量占全年降水量的 33.6%，春季和冬季降水量分别占 23.6% 和 4.1%，夏秋两季降水占全年降水量的 72.3%，可见降水量不仅年际变化大，而且年内分配也很不均匀，具体如图 7.30 所示。

7.3.4 四季降水量变化趋势及显著性检验

春、夏、秋、冬四季降水量变化趋势如图 7.31 所示，从图看出四季降水量变化趋势有所不同，春季和秋季的降水量变化趋势基本一致，均呈减少趋势，递减速率分别为 4.148mm/10a 和 4.168mm/10a。而夏季和冬季的降水量呈增加的趋势，夏季递增率为 3.988mm/10a，冬季递增速率仅为 0.624mm/10a，虽然夏季和冬季降水呈增加的趋势，但夏季和冬季的递增速率没有春季和秋季的递减速率大，因此，综合作用的结果：多年平均年降水量仍呈减少趋势，递减速率为 0.909mm/10a。

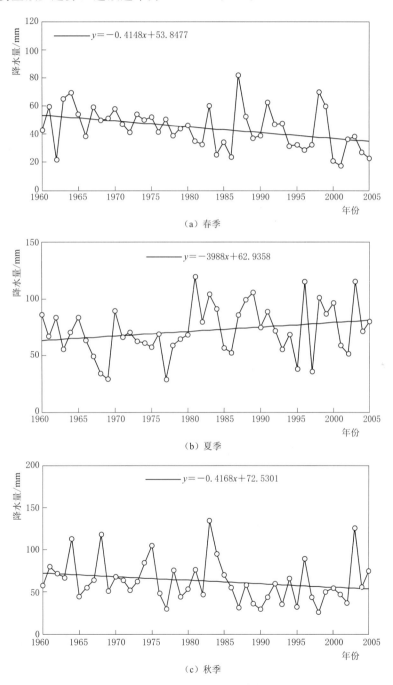

图 7.31（一） 渭河流域中游四季降水量变化趋势

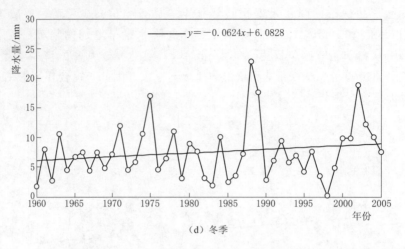

（d）冬季

图 7.31（二） 渭河流域中游四季降水量变化趋势

春季降水量的 Kendall 非参数秩次相关检验统计量 U_{MK} 值为 -3.2192，其绝对值大于信度水平 α 为 0.01 时的正态分布临界值 $U_{\alpha/2}=2.576$，说明其递减趋势显著。夏季降水量的 U_{MK} 值为 1.269，其绝对值小于信度水平 α 为 0.1 时的 $U_{\alpha/2}=1.645$，说明其递增趋势不显著。秋季降水量的 U_{MK} 值为 -1.922，递减趋势在 0.01 信度水平下不显著，在 0.1 信度水平下显著。冬季降水量的 U_{MK} 值为 1.089，递增趋势不显著。Kendall 非参数秩次相关检验说明春季和秋季呈递减趋势，春季递减趋势最显著，夏季和冬季呈递增趋势，但递增趋势均不显著，因此，综合作用的结果：年平均降水量呈递减趋势，但年平均降水量的递减趋势也不显著，与前面的分析结果一致，几种方法分析结论相互得到印证，见表 7.6。

表 7.6　　　　渭河流域中游年降水量及四季降水量变化趋势显著性检验

项　目	Kendall 非参数秩次相关检验统计量 U_{MK}	$U_{0.1/2}=1.645$ 是否通过信度水平 $\alpha=0.1$ 的显著性检验	$U_{0.05/2}=1.960$ 是否通过信度水平 $\alpha=0.05$ 的显著性检验	$U_{0.01/2}=2.576$ 是否通过信度水平 $\alpha=0.01$ 的显著性检验
年平均降水量	-1.439	未通过	未通过	未通过
春季平均降水量	-3.219	通过	通过	通过
夏季平均降水量	1.268	未通过	未通过	未通过
秋季平均降水量	-1.922	通过	未通过	未通过
冬季平均降水量	1.089	未通过	未通过	未通过

7.4　渭河流域中游降水量突变分析

7.4.1　累积距平法检验

根据渭河流域中游年降水量计算累积距平，如图 7.32 所示。从图中可以看出，年降水量在 1980 年和 2002 年发生了增多的突变，在 1984 年发生减少的突变。春、夏、秋、冬四季降水量的累积距平曲线分析结果如图 7.33～图 7.36 所示，由图可知，春季降水量在 1986 年发生了增多的突变，在 1993 年发生了减少的突变；夏季降水量在 1980 年发生了增多的突变；秋季降水量在 1985 年发生了减少的突变，在 2002 年发生了增多的突变；冬季降水量在 1987 年和 1999 年发生了增多的突变，在 1988 年发生了减少的突变。

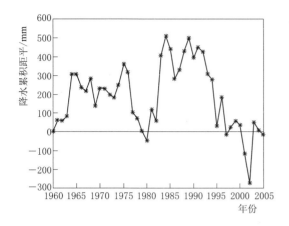

图 7.32　渭河流域中游年降水量累积距平曲线

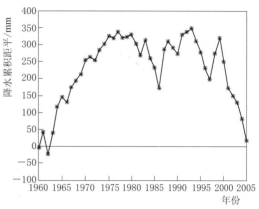

图 7.33　渭河流域中游春季降水量累积距平曲线

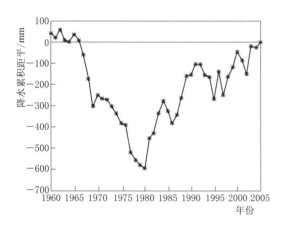

图 7.34　渭河流域中游夏季降水量累积距平曲线

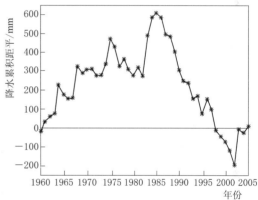

图 7.35　渭河流域中游秋季降水量累积距平曲线

7.4.2　Mann - Kendall 突变检验

　　应用 Mann - Kendall 突变检验法分析降水量突变，渭河流域中游 1960—2005 年 46 年间年平均降水量的 Mann - Kendall 突变检验曲线如图 7.37 所示，从图中可以看出，其年平均降水量的 UF 和 UK 曲线均未超过 0.05 显著水平的上下临界线，表明降水量未发生突变。

　　春季降水量的 Mann - Kendall 突

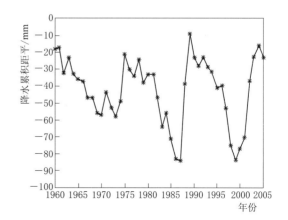

图 7.36　渭河流域中游冬季降水量累积距平曲线

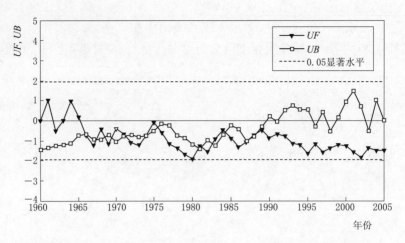

图 7.37　渭河流域中游年平均降水量 Mann - Kendall 突变检验曲线

变检验曲线如图 7.38 所示，春季降水量在 1979—1991 年有 4 个交点，分别为 1979 年、1986 年、1988 年、1991 年，有效的突变点为 1991 年。1991 年降水突变，由多雨期进入少雨期。

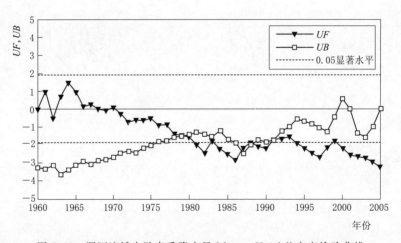

图 7.38　渭河流域中游春季降水量 Mann - Kendall 突变检验曲线

　　夏季降水量的 Mann - Kendall 突变检验曲线如图 7.39 所示，夏季降水量 UF 与 UB 曲线虽然有 1 个交点，但相交之后，UF 曲线一直未超出 0.05 显著水平临界线 1.96，均位于上下两个临界线间，因此夏季降水量没有发生突变。

　　秋季降水量的 Mann - Kendall 突变检验曲线如图 7.40 所示，秋季降水序列在两条临界线间，虽然有 3 个交点，但只有 1976 年相交后，UF 曲线直到 1993 年才向下突破临界线－1.96，降水由多水期进入少水期，因此分析秋季降水量突变点开始时间为1976 年。

　　冬季降水量的 Mann - Kendall 突变检验曲线如图 7.41 所示，冬季降水量 UF 和 UB 曲线虽有多次相交，但 UF 曲线未超出显著水平线，UB 曲线基本在显著水平线内，仅有

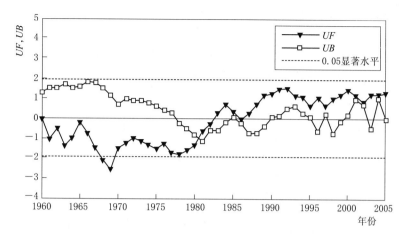

图 7.39　渭河流域中游夏季降水量 Mann-Kendall 突变检验曲线

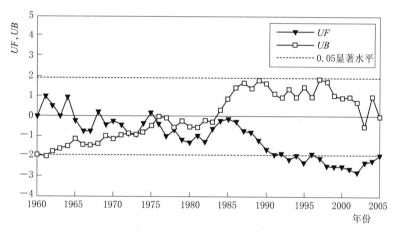

图 7.40　渭河流域中游秋季降水量 Mann-Kendall 突变检验曲线

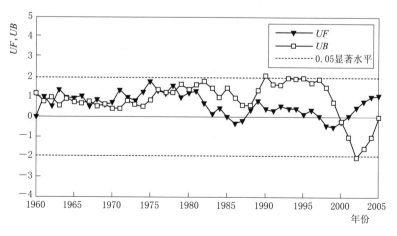

图 7.41　渭河流域中游冬季降水量 Mann-Kendall 突变检验曲线

短暂时间少许超出，即意味着冬季降水量并未发生突变，变化趋势较为平稳。

年平均气温的突变点为 1995 年，但年降水量未发生突变，四季平均气温中只有夏季平均气温未发生突变，春季、秋季和冬季平均气温突变点分别为 1998 年、1993 年和 1990 年。年平均降水量未发生突变，四季平均降水量中只有春季和秋季降水量有突变，但其他两个季节均未发生突变。

7.4.3　滑动 T 检验

对渭河流域中游 1960—2005 年 46 年间年降水量序列以及春、夏、秋、冬四季降水量序列做等级为 $n_1 = n_2 = 5$、$n_1 = n_2 = 7$、$n_1 = n_2 = 10$ 的滑动 T 检验，检验结果如图 7.42～图 7.46 所示，设定的显著性水平 $\alpha = 0.01$，则 $n_1 = n_2 = 5$、$n_1 = n_2 = 7$、$n_1 = n_2 = 10$ 对应的临界值分别为 3.355、3.055、2.878，T 值超过临界值即表明可能为突变点。由图 7.42 可知，当 $n_1 = n_2 = 5$、$n_1 = n_2 = 7$、$n_1 = n_2 = 10$ 时，年降水量的 T 值均没有超过其相应的临界线，表明渭河流域中游年降水量没有发生突变。

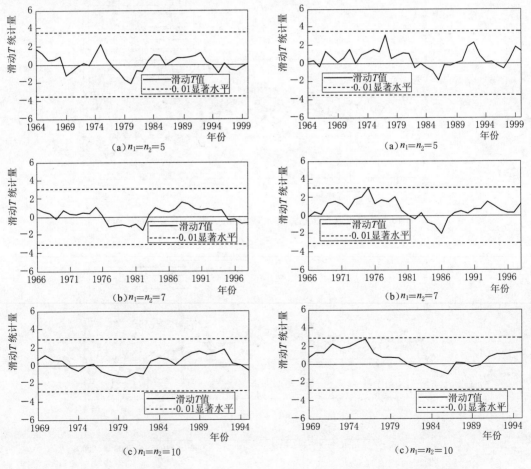

图 7.42　渭河流域中游年降水量　　　　图 7.43　渭河流域中游春季降水量
　　　滑动 T 检验曲线　　　　　　　　　　　　滑动 T 检验曲线

由图 7.43 可知，当 $n_1=n_2=5$、$n_1=n_2=7$、$n_1=n_2=10$ 时，春季降水量的 T 值均没有超过其相应的临界线，表明渭河流域中游春季降水量没有发生突变。

由图 7.44 可知，当 $n_1=n_2=5$、$n_1=n_2=7$ 时，夏季降水量 T 值均没有超过其相应的临界线；当 $n_1=n_2=10$ 时，夏季降水量的 T 值在 1980 年超过了负临界线-2.878。表明渭河流域中游夏季降水量在 1980 年出现了增多的突变。

由图 7.45 可知，当 $n_1=n_2=5$、$n_1=n_2=7$、$n_1=n_2=10$ 时，秋季降水量的 T 值均没有超过其相应的临界线，表明渭河流域中游秋季降水量没有发生突变。

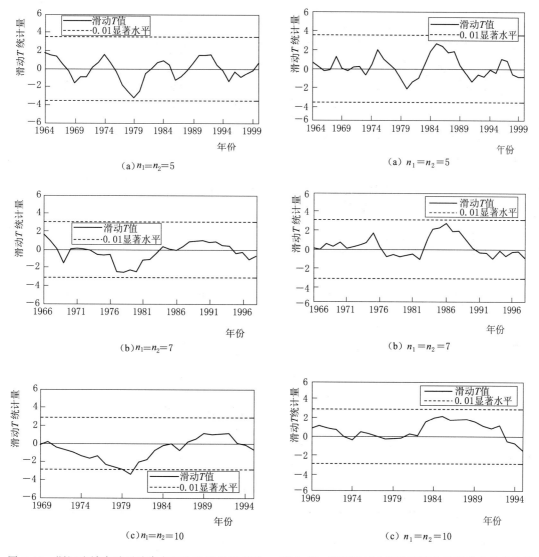

图 7.44　渭河流域中游夏季降水量滑动 T 检验曲线　图 7.45　渭河流域中游秋季降水量滑动 T 检验曲线

由图 7.46 可知，当 $n_1=n_2=5$ 时，冬季降水量的 T 值在 1999 年超过了负临界线-3.355；当 $n_1=n_2=7$、$n_1=n_2=10$ 时，冬季降水量均没有超过临界线。表明渭河流域中游冬季降水量在 1999 年出现了增多的突变。

7.4.4　Yamamoto 检验

应用 Yamamoto 检验法对渭河流域中游 1960—2005 年 46 年间年降水量以及春、夏、秋、冬四季降水量做等级为 $n_1=n_2=5$、$n_1=n_2=7$、$n_1=n_2=10$ 的突变检验，如图 7.47～图 7.51 所示。设定的显著性水平 $\alpha=0.01$，SNR 值大于临界线 $SNR=1$ 时即表明可能为突变点。由图 7.47 可知，当 $n_1=n_2=5$、$n_1=n_2=7$、$n_1=n_2=10$ 时，年降水量序列的 SNR 值均没有超过临界线 1.0，表明渭河流域中游年降水量没有发生突变。

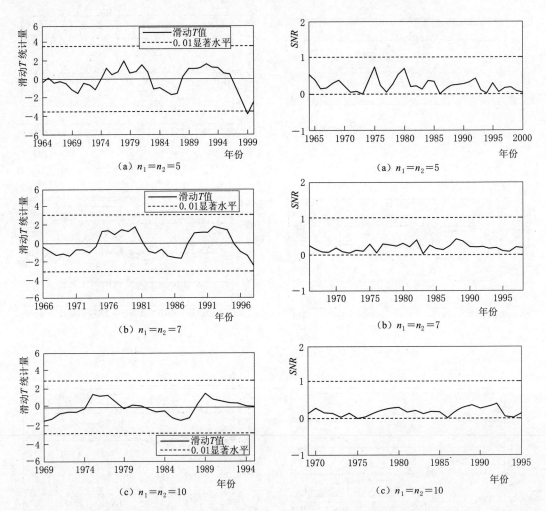

图 7.46　渭河流域中游冬季降水量滑动 T 检验曲线　　图 7.47　渭河流域中游年降水量 Yamamoto 检验曲线

由图 7.48 可知，当 $n_1=n_2=5$、$n_1=n_2=7$、$n_1=n_2=10$ 时，春季降水量序列的 SNR 值均没有超过临界线 1.0，表明渭河流域中游春季降水量没有发生突变。

由图 7.49 可知，当 $n_1=n_2=5$ 时，夏季降水量序列的 SNR 值在 1979 年超过了临界线 1.0；当 $n_1=n_2=7$ 和 $n_1=n_2=10$ 时，夏季降水量序列的 SNR 值均没有超过临界线 1.0。表明渭河流域中游夏季降水量在 1979 年发生了减少的突变。

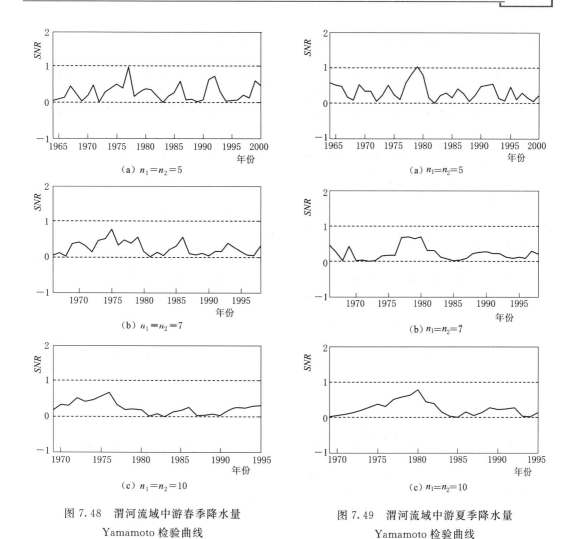

图 7.48 渭河流域中游春季降水量
Yamamoto 检验曲线

图 7.49 渭河流域中游夏季降水量
Yamamoto 检验曲线

由图 7.50 可知，当 $n_1=n_2=5$、$n_1=n_2=7$、$n_1=n_2=10$ 时，秋季降水量序列的 SNR 值均没有超过其临界线 1.0，表明渭河流域中游秋季降水量没有发生突变。

由图 7.51 可知，当 $n_1=n_2=5$ 时，冬季降水量序列的 SNR 值在 1999 年超过了临界线 1.0；当 $n_1=n_2=7$ 和 $n_1=n_2=10$ 时，冬季降水量序列的 SNR 值均没有超过临界线 1.0。表明渭河流域中游冬季降水量在 1999 年发生了减少的突变。

7.4.5 降水突变综合分析

通过累积距平法、Mann-Kendall 突变检验法、滑动 T 检验法和 Yamamoto 检验法对渭河流域中游 1960—2005 年年降水量及春、夏、秋、冬四季降水量资料进行突变检验，为了保证突变检验的准确性和可信度，将四种方法结合起来进行综合分析，至少两种方法同时显示出突变则判定为突变点，分析结果见表 7.7。经综合分析可知，年降水量、春季降水量、秋季降水量均无法判断突变准确时间；夏季降水量在 1980 年发生了增多的突变；冬季降水量在 1999 年发生减少的突变。

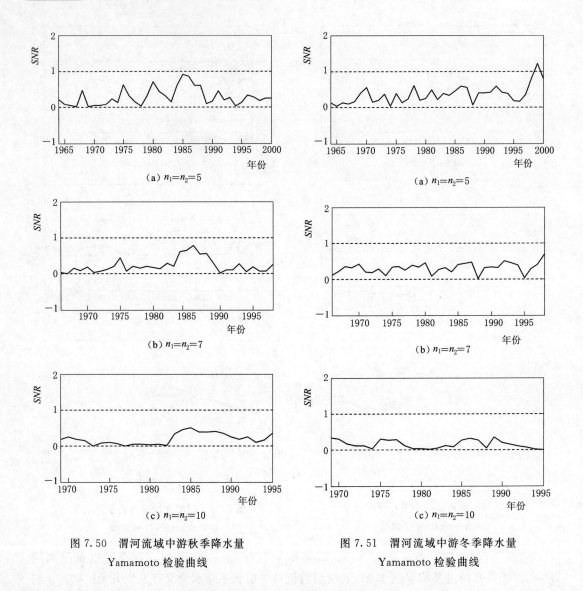

图 7.50 渭河流域中游秋季降水量
Yamamoto 检验曲线

图 7.51 渭河流域中游冬季降水量
Yamamoto 检验曲线

表 7.7 渭河流域中游年、季节降水突变检验结果

降水量	累积距平法	Mann-Kendall 突变检验法	滑动 T 检验法	Yamamoto 检验法	综合分析
年降水	1980，1984，2002	/	/	/	/
春季	1986，1993	1991	/	/	/
夏季	1980	/	1980	1979	1980↑
秋季	1985，2002	1976	/	/	/
冬季	1987，1988，1999	/	1999	1999	1999↑

注 表中"↑"表示由少变多，"/"表示未检测出突变点。

7.5　渭河流域中游风速变化特征分析

7.5.1　风速距平分析

根据渭河流域中游气象代表站的风速资料，计算分析渭河流域中游各年代平均风速及距平，具体见表 7.8 和图 7.52。

渭河流域中游多年平均风速为 1.7m/s，各年代平均风速有所不同。20 世纪 60 年代平均风速为 2.1m/s，比多年平均风速大 0.4m/s，多达 24%；20 世纪 70 年代平均风速为 1.8m³，比多年平均风速大 0.1m/s；80 年代平均风速为 1.5m/s，较多年平均风速低 0.2m/s；进入 90 年代，平均风速与多年平均值持平；而 2000—2005 年风速锐减，这一时期的平均风速为 1.1m/s，减小量占到多年平均值的 35%。

表 7.8　　　　　　　　　　渭河流域中游各年代平均风速

年代	平均风速/(m/s)	距平/(m/s)	与常年比较	年代	平均风速/(m/s)	距平/(m/s)	与常年比较
60	2.1	0.4	高	90	1.7	0.0	平
70	1.8	0.1	高	2000—2005 年	1.1	−0.6	低
80	1.5	−0.2	低	平均	1.7		

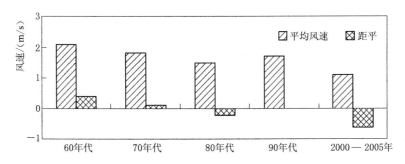

图 7.52　渭河流域中游平均风速年代变化

进一步分析逐年风速距平变化，图 7.53 所示为渭河流域中游逐年风速距平及 11 年滑动平均曲线。

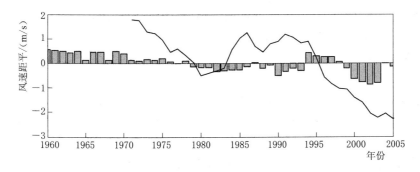

图 7.53　渭河流域中游逐年风速距平及 11 年滑动平均曲线

从 11 年滑动平均曲线分析，风速围绕多年平均值上下波动，1978 年前各年风速距平全部为正；1979—1994 年，仅 1987 年风速距平为正，其余年份风速距平都是负值；1994—1998 年各年风速距平转为正值；1999 年后至分析期末 2005 年，各年风速距平均为负值，2004 年风速与多年平均值持平。

7.5.2 年平均风速变化趋势及显著性检验

用线性趋势法分析渭河流域中游 46 年风速的变化趋势，风速年际变化趋势如图 7.54 所示。风速变化线性拟合倾向率为 -1.86（m/s）/10a，年平均风速呈降低趋势。

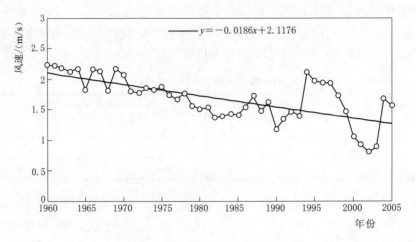

图 7.54　渭河流域中游风速年际变化

利用 Kendall 非参数秩次相关检验法对 1960—2005 年 46 年间渭河流域中游年平均风速资料进行分析，信度水平 α 分别为 0.1、0.05 和 0.01 时，正态分布双侧检验临界值 $U_{\alpha/2}$ 的值分别为 1.645、1.960 和 2.576，其年均风速的 Kendall 非参数秩次相关检验统计量 $U_{MK}=-5.075$，其绝对值远远大于最严格的信度水平 α 为 0.01 时的 $U_{\alpha/2}=2.576$，表明渭河流域中游年平均风速降低趋势非常显著。

7.5.3 四季风速变化趋势及显著性检验

四季风速线性趋势法分析表明，春、夏、秋、冬四季平均风速变化的大趋势是一致的，均呈递减变化，递减速率分别为 0.222(m/s)/10a、0.148(m/s)/10a、0.172(m/s)/10a 和 0.195(m/s)/10a。春季平均风速递减速率最大，其次是冬季、秋季和夏季，如图 7.55 所示。

春季平均风速的 Kendall 非参数秩次相关检验统计量 U_{MK} 为 -4.706，其绝对值大于信度水平 α 为 0.01 时的正态分布临界值 $U_{\alpha/2}=2.576$，说明其递减趋势显著。夏季、秋季、冬季平均风速的 Kendall 非参数秩次相关检验统计量 U_{MK} 分别为 -3.541、-4.336 和 -4.800，其绝对值均大于信度水平 α 为 0.01 时的正态分布临界值 $U_{\alpha/2}=2.576$，说明夏季、秋季、冬季平均风速的递减趋势也都非常显著，具体见表 7.9。

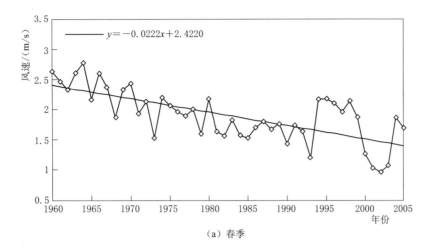

（a）春季

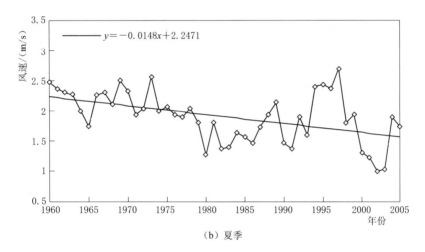

（b）夏季

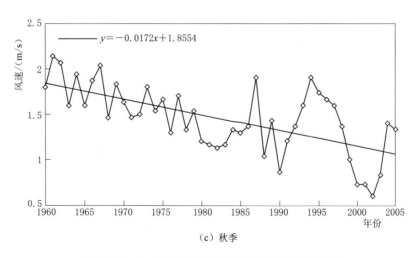

（c）秋季

图 7.55 （一）　渭河流域中游四季平均风速变化趋势

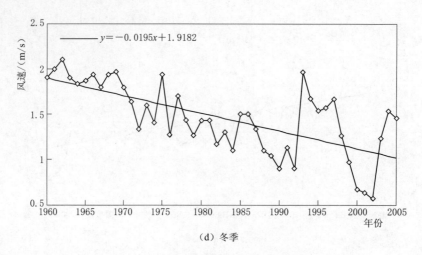

（d）冬季

图 7.55（二）　渭河流域中游四季平均风速变化趋势

表 7.9　　　　　渭河流域中游年平均风速及四季平均风速变化趋势显著性检验

项　目	Kendall 非参数 秩次相关检验 统计量 U_{MK}	$U_{0.1/2} = 1.645$ 是否通过信度水平 $\alpha = 0.1$ 的显著性检验	$U_{0.05/2} = 1.960$ 是否通过信度水平 $\alpha = 0.05$ 的显著性检验	$U_{0.01/2} = 2.576$ 是否通过信度水平 $\alpha = 0.01$ 的显著性检验
年平均风速	-5.075	通过	通过	通过
春季平均风速	-4.706	通过	通过	通过
夏季平均风速	-3.541	通过	通过	通过
秋季平均风速	-4.336	通过	通过	通过
冬季平均风速	-4.800	通过	通过	通过

7.5.4　风速突变分析

应用 Mann-Kendall 突变检验法分析风速的突变，从渭河流域中游 1960—2005 年 46 年间年平均风速的 Mann-Kendall 突变检验曲线（图 7.56）可以看出，其年平均风速 UF 和 UB 曲线的交点位于上下两条 0.05 显著水平的临界线之外，因此判断年平均风速虽然下降趋势显著，但未发生突变。

春季平均风速的 Mann-Kendall 突变检验曲线如图 7.57 所示，春季平均风速的 UF 和 UB 曲线在上下临界线内在 1969 年有 1 个交点，而且 1969 年之后，春季平均风速 UF 线很快远远超出 -1.96 即 0.05 显著水平临界线，因此判断春季平均风速突变发生在 1969 年。

夏季平均风速的 Mann-Kendall 突变检验曲线如图 7.58 所示，夏季平均风速 UF 与 UB 曲线有 3 个交点，分别为 1963 年、1968 年和 1969 年，但仅 1969 年为有效的突变点，1963 的交点位于上下两条临界线之外，1969 年之后 UF 曲线向下超出 -1.96 临界线，夏季平均风速突变点为 1969 年，风速进入降低时期。

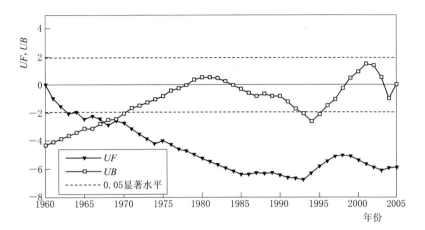

图 7.56　渭河流域中游年平均风速 Mann – Kendall 突变检验曲线

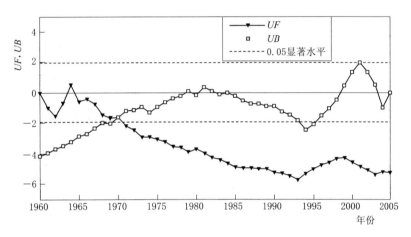

图 7.57　渭河流域中游春季平均风速 Mann – Kendall 突变检验曲线

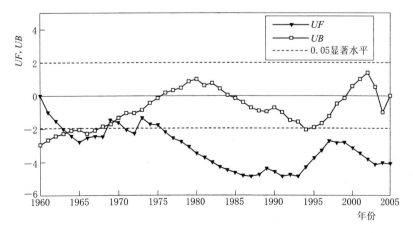

图 7.58　渭河流域中游夏季平均风速 Mann – Kendall 突变检验曲线

秋季平均风速的 Mann - Kendall 突变检验曲线如图 7.59 所示，秋季平均风速的 *UF* 与 *UB* 统计量于 1969 年相交，而且 1969 年后 *UF* 曲线很快向下超出 −1.96 临界线，表明秋季平均风速在 1969 年发生了突变，秋季风速进入降低时期。

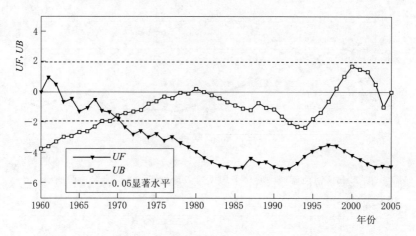

图 7.59 渭河流域中游秋季平均风速 Mann - Kendall 突变检验曲线

冬季平均风速的 Mann - Kendall 突变检验曲线如图 7.60 所示，冬季平均风速的 *UF* 与 *UB* 统计量于 1969 年相交，1969 年相交后，*UF* 曲线很快向下超出 −1.96 临界线，表明冬季平均风速在 1969 年发生了突变，与秋季平均风速突变点相同。

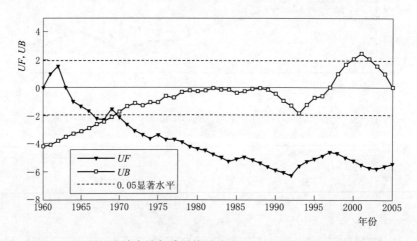

图 7.60 渭河流域中游冬季平均风速 Mann - Kendall 突变检验曲线

气温、降水量和风速序列的突变分析汇总见表 7.10。年平均气温的突变点为 1995 年，但年降水量未发生突变，年平均风速 1967 年发生了突变。季节平均气温中只有夏季平均气温未发生突变，春季、秋季和冬季平均气温突变点均发生在 90 年代。季节降水量，夏季和冬季降水量未发生突变，春季和秋季降水量突变时间分别为 1991 年和 1976 年，不属于同一个年代。季节风速突变时间高度统一，均为 1969 年。三个气象因子的突变时间各不相同。

表 7.10 　　　　　　　　渭河流域中游气温、降水量和风速突变分析

序号	项目	突变点	序号	项目	突变点
1	年平均气温	1995 年	9	秋季降水量	1976 年
2	春季平均气温	1998 年	10	冬季降水量	1999 年
3	夏季平均气温	未发生突变	11	年平均风速	未发生突变
4	秋季平均气温	1993 年	12	春季平均风速	1969 年
5	冬季平均气温	1992 年	13	夏季平均风速	1969 年
6	年降水量	未发生突变	14	秋季平均风速	1969 年
7	春季降水量	1991 年	15	冬季平均风速	1969 年
8	夏季降水量	未发生突变			

第8章

渭河流域中游径流变化特征分析

对渭河流域中游径流的距平、年变化速率、四季变化速率、突变点等时空分布规律进行分析，并找出不同气温、降水量对应的径流量在时间上的迟滞关系。

8.1 渭河流域中游径流年际变化

8.1.1 年径流变差系数

变差系数 C_v 值是反映随机变量相对平均值的集中或离散程度的一个系数，在水文学中应用比较广泛，年径流变差系数则是反映地表水资源多年变化的统计参数。C_v 值的计算公式为

$$C_v = \sqrt{\frac{\sum\limits_{i=1}^{n}(K_i - 1)^2}{n-1}} \tag{8.1}$$

式中　C_v——变差系数；

　　　　n——观测年数；

　　　　K_i——第 i 年的模比系数。

如研究的随机变量为年径流量时，C_v 则表示年径流变差系数（故本节 C_v 均指年径流变差系数）。年径流变差系数主要可用来分析年径流量年际间相对变化的特征及反映年径流量总体系列的离散程度。C_v 值小，表示年径流量波动程度较小，对于径流资源的开发利用是有利的；C_v 值大，则表示年径流量波动程度较大，不利于有效地开发利用径流资源。

C_v 值的影响因素较多，主要有年径流量、径流的补给来源和流域的面积大小三个方面。

1. 年径流量

年径流量的变化趋势与年降水量相似，年径流量大则意味着年降水量大。因为降水充足的地区水汽输送量大，同时较为稳定，降水量的年际波动较小，同时，降水量充足的地区地表及地下供水充分，蒸发稳定，故 C_v 值小；而降水量少的地区，其降水一般集中而不稳定，加之蒸发量年际变化较大，一般 C_v 值较大。从地域上，我国河流 C_v 值的分布具有明显的地域性，其和年径流量分布的趋势正好相反，年径流量是从东南向西北逐渐减

少,而 C_v 值则从东南向西北增大。

2. 补给来源

我国的西北、华北等降水较少区域有些河流 C_v 值也很小,主要是补给水源的不同所导致。西北、华北区域的河流补给水源主要是以高山冰雪融水或地下水补给为主,其 C_v 值较小,而主要靠雨水补给的河流 C_v 值一般较大,尤其是降雨波动较大的地区,C_v 值会更大。主要是因为冰川积雪融化量主要取决于气温的高低,而平均气温的年际变化一般比较小,所以以冰雪融水补给为主的河流 C_v 值都较小,天山、昆仑山、祁连山等一带源于冰川融化补给的河流,C_v 值仅为 0.1～0.2。而以地下水补给为主的河流主要受地下含水层的调蓄,其径流量也较为稳定,C_v 值较小。以年降水量相近的黄土高原与黄淮海平原进行对比分析,黄土高原土质较为松散,其土壤下渗作用强,地下水丰富,地下水对河流的补给同样占有较大的比重,C_v 值为 0.4～0.5,其中主要补给为地下水的无定河,C_v 值甚至不超过 0.2;而黄淮海平原的河流,主要水源来自降水,而且降水年内波动较大,其 C_v 值一般均大于 0.8,部分区域甚至大于 1.0。

3. 流域面积

一般来说,流域面积小的河流 C_v 值同样也比流域面积大的河流 C_v 值小。这主要是因为流域面积大则意味着集水面积大,流域面积大的河流往往流经不同的自然区域,其各支流径流变化情况各有差异,各支流丰枯年间可以相互调节,同时大河河床很深,其地下水补给也是河流重要而稳定的补给来源,所以大流域面积河流的 C_v 值往往较小。同理,各大河流主干流的 C_v 值往往要比两岸支流小。

8.1.2　年径流量的年际极值比

年际极值比一般用来反映观测数据的年际变化幅度。年径流量的年际极值比指的是多年最大年径流量与最小年径流量之间的比值。C_v 值大的河流,年径流量的年际极值比也较大;反之亦然。渭河流域中游径流量最大值出现在 1964 年,年径流量为 16.15 亿 m³,而径流量最小值出现在 1995 年,为 2.90 亿 m³,计算得到渭河流域中游年径流量的年际极值比为 5.57,表明渭河流域中游径流量年际变化幅度较大。

8.1.3　径流距平分析

根据渭河流域中游水文代表站 1960—2005 年共 46 年的年径流量资料,计算分析渭河流域中游各年代平均径流量及其距平,具体见表 8.1 和图 8.1。

表 8.1　　　　　　　　　渭河流域中游各年代平均径流量与距平

年　代	平均径流量 /亿 m³	距平/亿 m³	与常年比较	年　代	平均径流量 /亿 m³	距平/亿 m³	与常年比较
60	8.62	1.78	高	90	5.27	−1.57	低
70	6.45	−0.39	低	2000—2005 年	5.16	−1.68	低
80	8.02	1.18	高	平均	6.84		

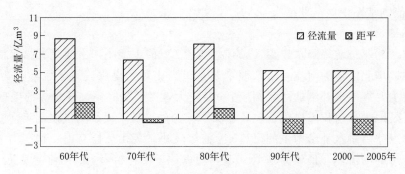

图 8.1　渭河流域中游各年代径流量与距平

多年平均径流量为 6.84 亿 m³，20 世纪 60 年代、80 年代径流量距平值为正，属丰水期，其余年代距平值均为负值，属枯水期。60 年代径流量为 8.62 亿 m³，比多年平均径流多 1.78 亿 m³，多达 26%。70 年代平均径流量减少为 6.45 亿 m³，比多年平均值减少了 0.39 亿 m³，占多年平均径流量的 5.7%。80 年代平均径流量为 8.02 亿 m³，高于多年平均径流量 1.18 亿 m³。进入 90 年代，平均径流量锐减了 1.57 亿 m³，为 5.27 亿 m³，为相对枯水期，距平值为负。2000—2005 年平均径流量继续减少，这一时期的平均径流量为 5.16 亿 m³，减少量占到多年平均值的 25%，而从前面的降水量分析可知 90 年代与 2000—2005 年间降水量也呈减少的趋势，减少量分别为 6.7% 和 0.9%。不仅这两个年代的径流与降水变化趋势一致，其他几个年代的径流与降水变化趋势也都是相一致的。

进一步分析逐年径流距平变化，图 8.2 所示为渭河流域中游逐年径流量距平及 11 年滑动平均曲线。从 11 年滑动平均曲线分析，径流量围绕多年平均值上下波动，60 年代除 1960 年和 1969 年距平值为负外，全部为正，1964 年的波动幅度最大，远远大于多年平均值。70 年代、80 年代各年径流量距平正负相间变化。进入 90 年代以后，除 1992 年和 2003 年径流量距平为正外，其余年份径流量距平均为负值。

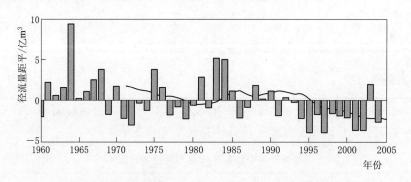

图 8.2　渭河流域中游逐年径流量距平及 11 年滑动平均曲线

8.1.4　年径流量变化趋势及显著性检验

采用线性趋势法，分析年径流量的长期变化倾向率，径流量年际变化趋势如图 8.3 所示。径流量变化线性拟合倾向率为 −0.843 亿 m³/10a，年径流量呈减少趋势。

利用 Kendall 非参数秩次相关检验对 1960—2005 年渭河流域中游径流量资料进行分析

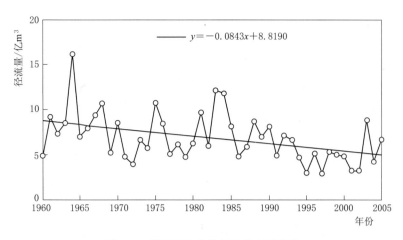

图 8.3　渭河流域中游径流量年际变化

计算，信度水平 α 取三种，分别为 0.1、0.05 和 0.01 时，$U_{\alpha/2}$ 值分别为 1.645、1.960 和 2.576，由式（3.5）～式（3.8）计算得出 $\tau = -296$，$Var(\tau) = 11155$，$U_{MK} = -2.793$。U_{MK} 的绝对值大于最严格的、信度水平 α 为 0.01 时的 $U_{0.01/2} = 2.576$，表明渭河流域中游径流量减少趋势非常显著。

8.2　渭河流域中游径流量年内变化

8.2.1　径流量年内变化特征

根据渭河流域中游水文代表站 1960—2005 年 46 年间多年平均月径流量资料（表 8.2），渭河流域中游径流量年内变化曲线如图 8.4 所示。由图表可以得出，渭河流域中游径流量最大值出现在 9 月，为 13.93 亿 m^3，9 月径流量是个转折点，9 月之前月径流量呈递增趋势，7 月是个局部高点，而 9 月之后径流量则呈递减趋势。渭河流域中游径流量年内分配主要集中在 7—10 月，这四个月的径流量共占年径流量的 56.4%，其径流量月分布与降水量月分布较为一致。径流量的年内变化差异同样比较显著。

表 8.2　　　　渭河流域中游多年平均月径流量（1960—2005 年）

月份	径流量/亿 m^3	月份	径流量/亿 m^3	月份	径流量/亿 m^3
1	2.49	5	7.27	9	13.93
2	2.60	6	5.68	10	11.63
3	3.19	7	10.71	11	6.06
4	5.53	8	10.17	12	3.08

8.2.2　径流年内分配不均匀系数

径流年内分配不均匀系数的计算公式见式（5.1）。通过计算，得到 P_i 的值见表 8.3。

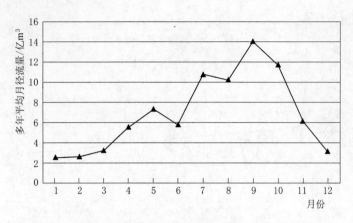

图 8.4 渭河流域中游径流量年内变化曲线（1960—2005 年）

表 8.3 中 游 月 径 流 量 分 配

月份	占年径流量百分比 /%	月份	占年径流量百分比 /%	月份	占年径流量百分比 /%
1	0.03	5	0.09	9	0.17
2	0.03	6	0.07	10	0.14
3	0.04	7	0.13	11	0.07
4	0.07	8	0.12	12	0.04

$\overline{P}=0.083$，将 P_i 和 $\overline{P}$ 的值代入式（5.1）中计算得到渭河流域中游径流年内分配不均匀系数 $C=1.73$，C 值较大，表明渭河流域中游径流量年内分配较为不均匀。

8.3 四季径流量分析

将 1960—2005 年径流量分季节进行分析，与季节降水量分析一致，春季为每年的 3—5 月、夏季为 6—8 月、秋季为 9—11 月，冬季为 12 月至翌年 2 月，每年四季径流量详见表 8.4。

表 8.4 渭河流域中游四季径流量（1960—2005 年）

年份	春季径流量 /亿 m³	夏季径流量 /亿 m³	秋季径流量 /亿 m³	冬季径流量 /亿 m³
1960	8.06	20.82	25.15	5.38
1961	15.76	34.38	49.89	13.56
1962	9.05	27.05	38.66	12.66
1963	34.29	19.28	37.67	10.33
1964	42.70	45.90	92.37	15.32
1965	29.53	27.70	16.77	6.28
1966	11.46	30.43	46.97	7.92

续表

年份	春季径流量 /亿 m³	夏季径流量 /亿 m³	秋季径流量 /亿 m³	冬季径流量 /亿 m³
1967	32.34	28.94	40.33	12.04
1968	27.18	19.29	67.86	14.67
1969	23.17	10.20	18.40	6.35
1970	18.70	31.91	44.08	7.82
1971	18.25	15.94	15.11	6.65
1972	13.37	13.76	14.14	4.52
1973	13.93	22.98	37.90	5.29
1974	14.93	12.90	33.15	8.95
1975	13.88	22.94	79.08	17.28
1976	19.94	33.14	36.08	9.47
1977	14.58	24.77	12.17	5.29
1978	6.80	33.38	28.00	5.71
1979	12.71	20.01	18.40	4.43
1980	7.90	37.29	24.78	6.89
1981	7.76	46.35	54.29	8.12
1982	16.32	18.80	29.37	5.70
1983	20.41	43.82	70.86	12.26
1984	14.11	59.03	55.73	15.97
1985	19.79	22.70	41.96	9.07
1986	11.86	25.24	12.89	4.76
1987	16.32	37.94	11.79	5.86
1988	18.60	50.17	28.73	8.37
1989	23.97	28.87	22.97	7.28
1990	24.48	34.30	30.47	7.94
1991	17.77	22.77	11.73	5.92
1992	11.49	31.54	36.05	7.85
1993	20.57	33.06	18.20	6.30
1994	14.18	19.85	14.26	6.50
1995	7.47	13.37	10.20	4.41
1996	7.98	26.61	21.10	6.21
1997	12.54	9.17	8.15	4.33
1998	15.98	30.23	12.67	4.66
1999	12.02	27.50	15.52	5.81
2000	7.23	18.76	24.62	7.95
2001	6.13	7.89	16.82	6.41
2002	7.99	17.07	6.94	6.11
2003	7.43	19.86	68.95	12.78
2004	10.43	13.35	15.65	9.15
2005	6.43	25.42	40.23	8.15

在这 46 年中，从绝对值来分析，2001 年春季径流量最少，为 6.13 亿 m³，占当年径流量的 16.5%；1964 年春季径流最多，为 42.7 亿 m³，占当年径流量的 21.8%。从相对值来看，春季径流量占全年径流量比例范围为 6.7%～39.9%，占比例最低的年份为 1981 年，该年春季径流量为 7.76 亿 m³；占比例最高的年份为 1969 年，该年春季径流量为 23.17 亿 m³。

2001 年夏季径流量为 7.89 亿 m³，为 46 年中最少的一年，占当年径流量的比例为 21.2%；1984 年夏季径流量为 59.03 亿 m³，为 46 年中最多的一年，占当年径流量的比例为 40.8%。从相对值来看，夏季径流量占全年径流量比例最低的年份发生在 1968 年，为 15.0%，该年春季径流量为 19.29 亿 m³；比例最高的发生在 1987 年，为 52.8%，该年春季径流量为 37.94 亿 m³。

秋季径流量最少的年份发生在 2002 年，该年径流量为 6.94 亿 m³，占当年径流量的 18.2%；秋季径流量多的年份发生在 1964 年，该年径流量为 92.37 亿 m³，占当年径流量的 47.1%。从相对值来看，秋季径流量占全年径流量比例范围为 16.4%～63.2%，秋季径流量占比最低的为 1987 年，该年秋季径流量为 11.79 亿 m³；秋季径流量占比最高的为 2003 年，该年秋季径流量为 68.95 亿 m³。

冬季径流量在四个季节中，无论绝对值及相对值都是最少的。在所分析的 46 年中，冬季径流量范围为 4.41 亿～15.97 亿 m³，冬季径流量最少的发生在 1995 年，该年冬季径流量占当年径流量的比例为 12.4%；冬季径流量最多的发生在 1984 年，该年冬季径流量占当年径流量的比例为 11.0%。从相对值来看，冬季径流量占全年径流量比例范围为 6.6%～18.8%，最低为 1973 年，该年冬季径流量为 5.29 亿 m³；最高为 2004 年，该年冬季径流量为 9.15 亿 m³。具体如图 8.5 和图 8.6 所示。

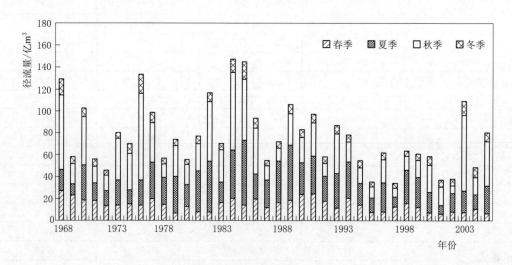

图 8.5　渭河流域中游四季径流量

根据多年平均情况分析，春、夏、秋和冬四季径流量占全年径流量的比例分别为 19.3%、32.2%、38.6% 和 9.9%。

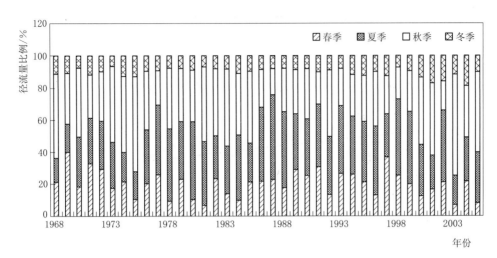

图 8.6　渭河流域中游四季径流量比例

秋季（9—11 月）的径流量所占全年径流量的比例最大，其次是夏季（6—8 月）的径流量所占全年径流量的比例位居第二，夏秋两季的径流量占到全年径流总量的 70.8%，冬春两季径流量仅占年径流总量的 29.2%，可见径流量年内分配是不均匀的。具体如图 8.7 所示。

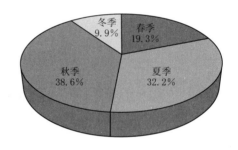

图 8.7　渭河流域中游多年平均四季径流量比例

8.4　四季径流量变化趋势及显著性检验

对四季径流量进行趋势分析，春、夏、秋、冬四季径流量的递减率分别为 0.957 亿 m^3/10a、0.387 亿 m^3/10a、1.804 亿 m^3/10a 和 0.256 亿 m^3/10a，结果表明春、夏、秋、冬四季径流量的变化趋势一致，均呈递减变化。秋季递减率最大，接着依次是春季、夏季和冬季，详见图 8.8。

春季径流量的 Kendall 非参数秩次相关检验统计量 U_{MK} 值为 -3.191，其绝对值大于 α 为 0.01 时标准正态分布双侧检验值的 $U_{\alpha/2} = 2.576$，说明其递减趋势非常显著。夏季径流量的 U_{MK} 值为 -1.042，其绝对值小于信度水平 α 为 0.1 时的 $U_{\alpha/2} = 1.645$，说明其递减趋势不显著。秋季径流量的 U_{MK} 值为 -2.869，递减趋势在 0.01 信度水平下显著。冬季径流量的 U_{MK} 值为 -1.553，递减趋势不显著。Kendall 非参数秩次相关检验说明春季和秋季径流量呈显著的递减趋势，春季递减趋势最显著，夏季和冬季呈递减趋势，但递减趋势均不显著，因此年平均径流量呈递减趋势，11 年滑动平均分析表明年平均径流量呈显著的减少趋势，年平均径流量与年平均降水量变化趋势一致，说明降水量与径流量相关性很密切，详见表 8.5。

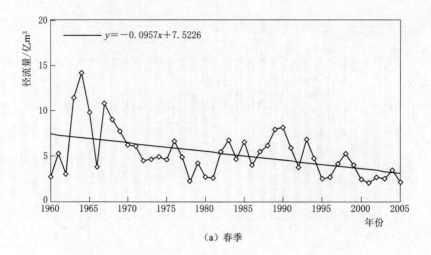

（a）春季

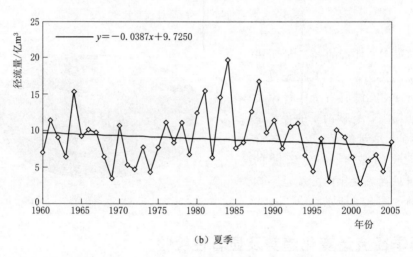

（b）夏季

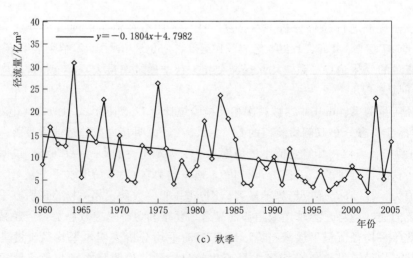

（c）秋季

图 8.8（一）　渭河流域中游四季径流量变化趋势

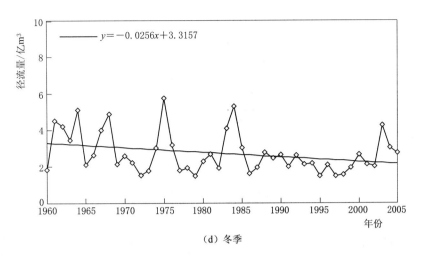

（d）冬季

图 8.8（二） 渭河流域中游四季径流量变化趋势

表 8.5 渭河流域中游年径流量及四季径流量变化趋势显著性检验

项 目	Kendall 非参数秩次相关检验统计量 U_{MK}	$U_{0.1/2}=1.645$ 是否通过信度水平 $\alpha=0.1$ 的显著性检验	$U_{0.05/2}=1.960$ 是否通过信度水平 $\alpha=0.05$ 的显著性检验	$U_{0.01/2}=2.576$ 是否通过信度水平 $\alpha=0.01$ 的显著性检验
年平均径流量	-2.793	通过	通过	通过
春季平均径流量	-3.191	通过	通过	通过
夏季平均径流量	-1.042	未通过	未通过	未通过
秋季平均径流量	-2.869	通过	通过	通过
冬季平均径流量	-1.553	未通过	未通过	未通过

8.5 径流突变分析

8.5.1 累积距平法检验

渭河流域中游年径流量累积距平曲线如图 8.9 所示，从图中可知，年径流量序列在 1990 年出现了减少的突变。四季径流量的累积距平曲线如图 8.10～图 8.13 所示，由图可知，春季径流量在 1971 年发生减少的突变；夏季径流量在 1975 年发生增多的突变，在 1993 年发生减少的突变；秋季径流量在 1985 年发生减少的突变，在 2002 年发生增多的突变；冬季径流量在 1976 年发生减少的突变，在 2002 年发生增多的突变。

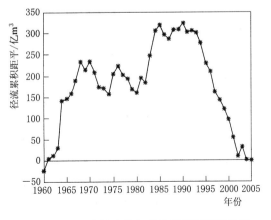

图 8.9 渭河流域中游年径流量累积距平曲线

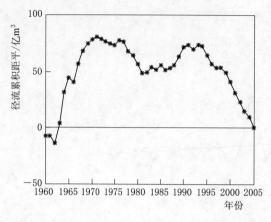

图 8.10　渭河流域中游春季径流量累积距平曲线

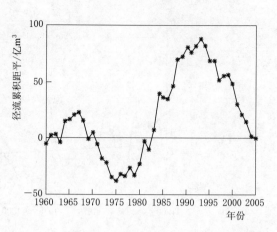

图 8.11　渭河流域中游夏季径流量累积距平曲线

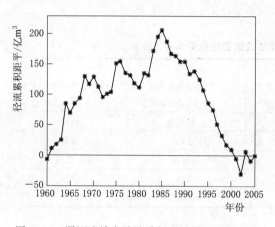

图 8.12　渭河流域中游秋季径流量累积距平曲线

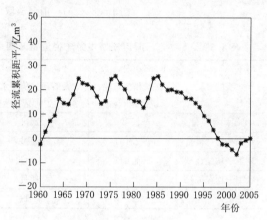

图 8.13　渭河流域中游冬季径流量累积距平曲线

8.5.2　Mann-Kendall 突变检验

采用 Mann-Kendall 突变检验法对渭河流域中游 1960—2005 年 46 年间年平均径流量进行突变检验，结果如图 8.14 所示。从图中可以看出，UF 和 UB 曲线都超出了 $\alpha=0.05$ 时的临界线 ±1.96，表明其变化比较显著，并且 UF 和 UB 曲线在临界值内有 1 个交点，出现在 1990 年，说明径流序列在这年产生了突变，1990 年后 UF 曲线向下超出 -1.96 临界线，径流发生突变由丰水期进入枯水期。

春季径流量 Mann-Kendall 突变检验曲线如图 8.15 所示，春季径流量在 1995 年前后有 3 个交点，分别为 1994 年、1995 年、1996 年，这 3 个点均位于上下两条临界线内，春季径流量突变时间为 1996 年，1996 年后 UF 曲线向下超出 -1.96 临界线，径流由丰水期进入枯水期。

夏季径流量 Mann-Kendall 突变检验曲线如图 8.16 所示，夏季径流量 UF 与 UB 曲线虽然有 4 个交点，但 UF 值始终没有超出 0.05 显著水平临界线，因此夏季径流量没有发生突变。

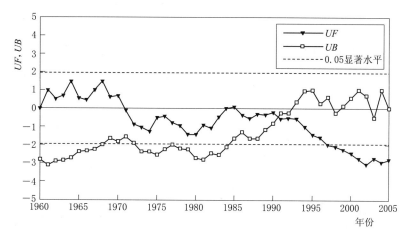

图 8.14　渭河流域中游年径流量 Mann – Kendall 突变检验曲线

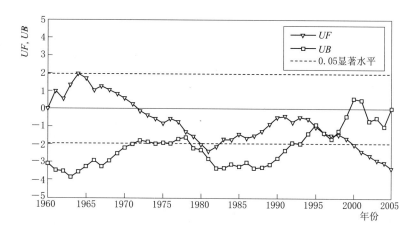

图 8.15　渭河流域中游春季径流量 Mann – Kendall 突变检验曲线

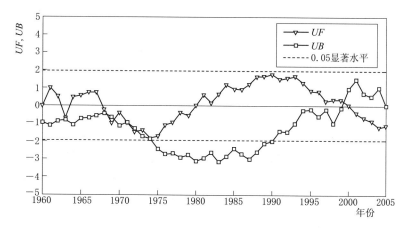

图 8.16　渭河流域中游夏季径流量 Mann – Kendall 突变检验曲线

秋季径流量 Mann - Kendall 突变检验曲线如图 8.17 所示，秋季径流量 UF 与 UB 曲线在 1975—1985 年间有多次相交，但仅 1985 年后，UF 曲线才向下超出 -1.96 临界线，因此秋季径流量突变开始时间是 1985 年，径流由丰水期进入枯水期。

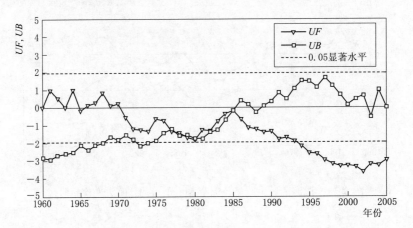

图 8.17　渭河流域中游秋季径流量 Mann - Kendall 突变检验曲线

冬季径流量 Mann - Kendall 突变检验曲线如图 8.18 所示，冬季径流量 UF 和 UB 曲线在 1968 年有 1 个交点，突变发生在 1968 年，但直到 1996 年 UF 曲线才向下超出 -1.96 临界线。

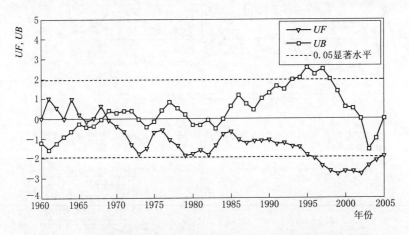

图 8.18　渭河流域中游冬季径流量 Mann - Kendall 突变检验曲线

冬季径流量最先于 1968 年进入突变，其次是秋季径流量于 1985 年突变，春季径流量于 1996 年突变，突变时间最晚，年径流量从 1990 年开始突变，晚于冬季和秋季径流量，但早于春季径流量。虽然夏季径流量未发生突变，但夏季径流量呈减少的趋势。年径流量突变及三个季节径流量的突变均为由丰水期状态进入枯水期状态。年径流量与四季径流量的变化总体趋势是相同的。

8.5.3　滑动 T 检验

对渭河流域中游 1960—2005 年 46 年间年径流量资料以及春、夏、秋、冬四季径流量

做等级为 $n_1=n_2=5$、$n_1=n_2=7$、$n_1=n_2=10$ 的滑动 T 检验，结果如图 8.19~图 8.23 所示，设定的显著性水平 $\alpha=0.01$，则 $n_1=n_2=5$、$n_1=n_2=7$、$n_1=n_2=10$ 对应的临界值分别为 3.355、3.055、2.878，超过临界值即表明该点可能为突变点。

由图 8.19 可知，当 $n_1=n_2=5$ 时，年径流量的 T 值在 1993 年超过了正临界线 3.355；当 $n_1=n_2=7$ 时，年径流量的 T 值在 1993 年和 1994 年超过了正临界线 3.055；当 $n_1=n_2=10$ 时，年径流量的 T 值在 1990—1993 年均超过了正临界线 2.878。表明渭河流域中游年径流量在 1990—1994 年出现了减少的突变。

由图 8.20 可知，当 $n_1=n_2=5$ 时，春季径流量的 T 值在没有超过临界线 3.355；当 $n_1=n_2=7$ 时，春季径流量的 T 值在 1969 年、1993 年、1994 年超过了正临界线 3.055；当 $n_1=n_2=10$ 时，春季径流量的 T 值在 1981 年超过了负临界线 -2.878，1991—1995 年超过了正临界线 2.878。表明渭河流域中游春季径流量可能在 1969 年、1981 年、1991—1995 年发生了突变。

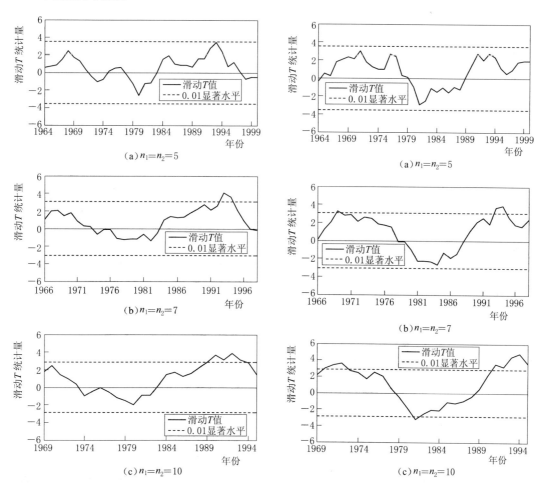

图 8.19 渭河流域中游年径流量滑动 T 检验曲线　图 8.20 渭河流域中游春季径流量滑动 T 检验曲线

由图 8.21 可知，当 $n_1=n_2=5$ 和 $n_1=n_2=7$ 时，夏季径流量的 T 值没有超过临界线；

当 $n_1=n_2=10$ 时，夏季径流量的 T 值在 1992—1994 年均超过了正临界线 2.878。表明渭河流域中游夏季径流量在 1992—1994 年出现了减少的突变。

由图 8.22 可知，当 $n_1=n_2=5$ 时，秋季径流量的 T 值在 1985 年超过了正临界线 3.355；当 $n_1=n_2=7$ 和 $n_1=n_2=10$ 时，秋季径流量的 T 值均没有超过临界线。表明渭河流域中游秋季径流量可能在 1985 年发生了减少的突变。

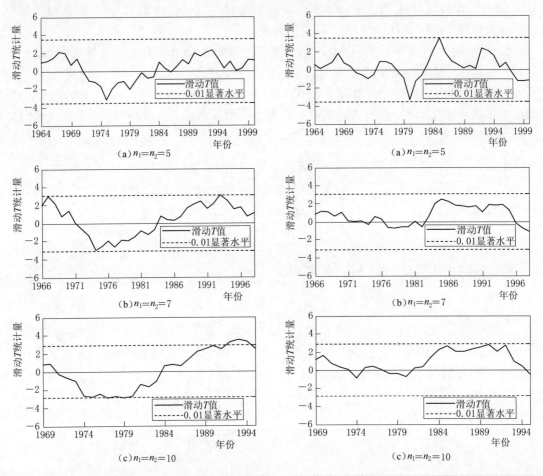

图 8.21　渭河流域中游夏季径流量滑动 T 检验曲线　图 8.22　渭河流域中游秋季径流量滑动 T 检验曲线

由图 8.23 可知，当 $n_1=n_2=5$、$n_1=n_2=7$ 和 $n_1=n_2=10$ 时，冬季径流量的 T 值均没有超过临界线，表明渭河流域中游冬季径流量没有发生突变。

8.5.4　Yamamoto 检验

应用 Yamamoto 检验法对渭河流域中游 1960—2005 年 46 年间年径流量以及春、夏、秋、冬四季径流量做等级为 $n_1=n_2=5$、$n_1=n_2=7$、$n_1=n_2=10$ 的突变检验，结果如图 8.24～图 8.28 所示，设定的显著性水平 $\alpha=0.01$，SNR 值大于临界线 $SNR=1$ 时即表明可能为突变点。

由图 8.24 可知，当 $n_1=n_2=5$ 时，年径流量序列的 SNR 值在 1993 年超过了临界线

1.0；当 $n_1 = n_2 = 7$ 时，年径流量序列的 SNR 值在 1993 年超过临界线 1.0；当 $n_1 = n_2 = 10$ 时，年径流量序列的 SNR 值没有超过临界线 1.0。表明渭河流域中游年径流量在 1993 年发生了突变。

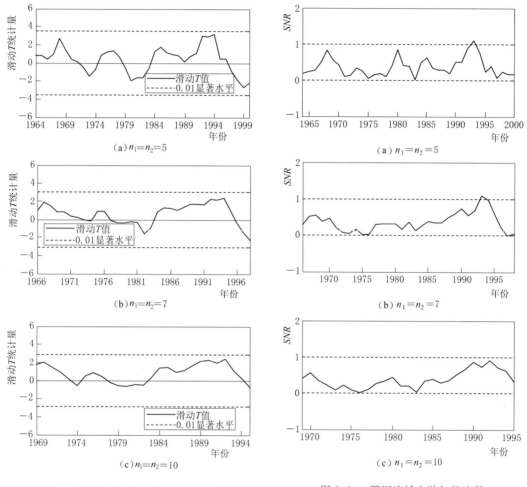

图 8.23　渭河流域中游冬季径流量　　　图 8.24　渭河流域中游年径流量
滑动 T 检验曲线　　　　　　　　　Yamamoto 检验曲线

　　由图 8.25 可知，当 $n_1 = n_2 = 5$ 时，春季径流量序列的 SNR 值在 1971 年超过了临界线 1.0；当 $n_1 = n_2 = 7$ 时，春季径流量序列的 SNR 值在 1969 年和 1994 年超过了临界线 1.0；当 $n_1 = n_2 = 10$ 时，春季径流量序列的 SNR 值在 1993 年和 1994 年超过临界线 1.0。表明渭河流域中游春季径流量在 1969 年、1971 年、1993 年和 1994 年发生了突变。

　　由图 8.26 可知，当 $n_1 = n_2 = 5$、$n_1 = n_2 = 7$、$n_1 = n_2 = 10$ 时，夏季径流量序列的 SNR 值均没有超过临界线 1.0，表明渭河流域中游夏季径流量没有发生突变。

　　由图 8.27 可知，当 $n_1 = n_2 = 5$ 时，秋季径流量序列的 SNR 值在 1980 年和 1985 年超过了临界线 1.0；当 $n_1 = n_2 = 7$ 和 $n_1 = n_2 = 10$ 时，秋季径流量序列的 SNR 值均没有超过临界线 1.0。表明渭河流域中游秋季径流量在 1980 年和 1985 年发生了突变。

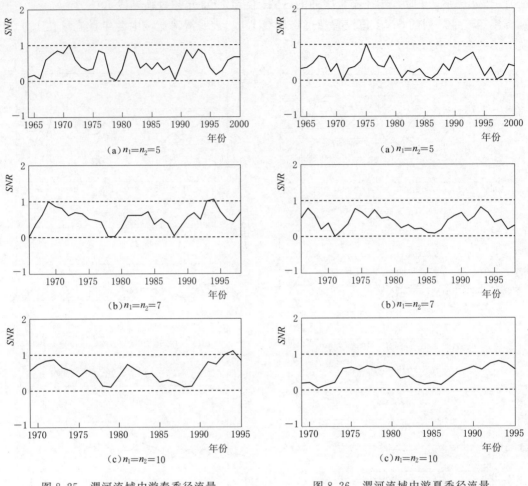

图 8.25　渭河流域中游春季径流量　　　　图 8.26　渭河流域中游夏季径流量
Yamamoto 检验曲线　　　　　　　　　　Yamamoto 检验曲线

由图 8.28 可知，当 $n_1=n_2=5$ 时，冬季径流量序列的 SNR 值在 1994 年超过了临界线 1.0；当 $n_1=n_2=7$ 和 $n_1=n_2=10$ 时，冬季径流量序列的 SNR 值均没有超过临界线。表明渭河流域中游冬季径流量在 1994 年发生了突变。

8.5.5　径流突变综合分析

通过累积距平法、Mann-Kendall 突变检验法、滑动 T 检验法和 Yamamoto 检验法对渭河流域中游 1960—2005 年年径流量及春、夏、秋、冬四季径流量资料进行突变检验，为了保证突变检验的准确性和可信度，将四种方法结合起来进行综合分析，至少两种方法同时显示出突变则判定为突变点，分析结果见表 8.6。通过综合分析，年径流量在 1990 年和 1993 年发生了减少的突变；春季径流量在 1969 年、1971 年、1993 年和 1994 年发生了减少的突变；夏季径流量在 1993 年发生了减少的突变；秋季径流量在 1985 年发生了减少的突变；冬季径流量无法准确判断突变时间。

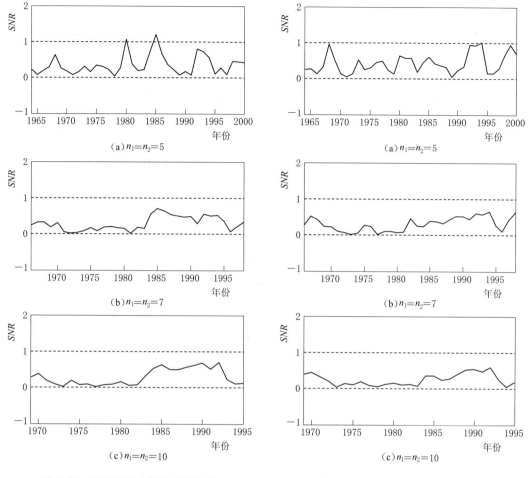

图 8.27　渭河流域中游秋季径流量
Yamamoto 检验曲线

图 8.28　渭河流域中游冬季径流量
Yamamoto 检验曲线

表 8.6　　　　　　　　　中游年、季节径流量突变检验结果

径流量	累积距平法	Mann - Kendall 突变检验法	滑动 T 检验法	Yamamoto 检验法	综合分析
年径流量	1990	1990	1990—1994	1993	1990↓，1993↓
春季	1971	1996	1969，1981，1991—1995	1969，1971，1993，1994	1969↓，1971↓，1993↓，1994↓
夏季	1975，1993	/	1992—1994	/	1993↓
秋季	1985，2002	1985	1985	1980，1985	1985↓
冬季	1976，2002	1968	/	1994	/

注　表中"↓"表示由丰到枯，"/"表示未检测出突变点。

8.6 气象和水文因子相关性分析

渭河流域中游径流属于降雨补给型，径流量的变化规律与降水量基本保持一致，总的趋势是由南到北递减。变化的原因可以归为自然因素和人类因素两大类，自然因素包括降水量、气温、蒸发量、河流袭夺等因素，而人类因素则包括水库蓄水、工程引水、傍河取水、灌溉工程等工程建设、水土保持等因素。

本书径流量与气象因子的相关性分析主要考虑气象因子中的气温、降水量与风速对径流量的影响，由于径流量、气温、降水量和风速的单位、平均值和标准差的不同，通常首先使用标准化的方法把这些气象因素转换成统一无量纲的变量，便于将这些因素在相同的水平上进行比较并进行相关性分析，这种变量称为标准化变量。常用的数据标准化方法有最大值法、最小值法和标准差法等。本节采用标准差法，使径流量、气温、降水量和风速变量都处于 $[-1, 1]$ 区间内，标准化公式见式（5.2）。

数据经过标准化后通常用相关系数衡量两数值的关系，其计算公式见式（5.3）。

通过式（5.3）得出降水量与径流量间的相关系数为 0.69，气温与径流量间的相关系数为 -0.62，根据相关系数显著性检验（t 检验），查临界值表得 $\alpha = 0.05$ 时的相关系数临界值为 0.26，则气温与径流量之间呈显著的线性负相关。气温越高，则径流量越小；降水量与径流量之间呈显著的线性正相关，降水量越大，则径流量越大。

降水量与气温负相关，相关系数为 -0.33，相关系数绝对值略大于临界值。径流量与风速正相关，相关系数为 0.19，小于临界值，没有通过显著性检验。

因此，后续章节中气象和水文变量重点考虑降水量、气温与径流量三个变量。

第9章

基于 RBF 神经网络的渭河流域中游径流预测

9.1　RBF 神经网络简介

径向基神经网络（radial - basis function，RBF）是 20 世纪 80 年代由 Powell 和 Darken 提出的一种神经网络，是一种典型的前馈式神经网络，其在某种程度上与多维空间中的插值法相似，具有最佳逼近和全局最优的特点，能够以任意精度逼近任何一个连续函数。RBF 神经网络最开始是在多变量插值问题的解中引入，之后广泛应用于信号处理、模型建立等众多领域。

最基本的 RBF 神经网络结构与很多 BP 神经网络相类似，其构成包括输入层、隐含层、输出层三层（图 9.1），每一层都有完全不同的作用。第一层输入层由信号源节点组成，主要作用是将网络与外界环境相连接；第二层隐含层的单元数视所需要解决问题的需要而定，主要作用是在输入空间到隐含空间之间进行非线性变换，因此在大多数情况下，隐含空间都有着较高的维数；第三层输出层为线性层，主要是对输入层的激活模式提供响应。

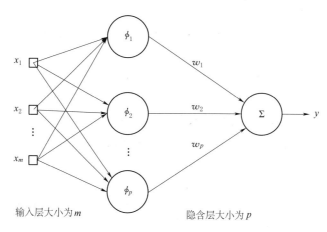

图 9.1　RBF 神经网络示意图

RBF 神经网络工作的基本原理是利用 RBF 充当隐含单元的"基"构成隐含层空间，它是一种局部分布的关于中心对称的非线性函数。当 RBF 的中心确定以后就可以将输入值直接映射到隐含层空间。而隐含层到输出层的映射都是线性的，即其输出值是隐含层输出的线性加权和，此处的加权和即为神经网络的可调参数。

RBF 函数可以有以下形式：

（1）多二次函数

$$\partial(r) = (r^2 + b^2)^{1/2} \qquad b > 0, r \in \mathbf{R} \tag{9.1}$$

（2）逆多二次函数

$$\partial(r) = \frac{1}{(r^2 + b^2)^{1/2}} \qquad b > 0, r \in \mathbf{R} \tag{9.2}$$

（3）高斯函数

$$\partial(r) = \exp\left(-\frac{r^2}{2b^2}\right) \qquad b > 0, r \in \mathbf{R} \tag{9.3}$$

一般而言，高斯函数在 RBF 函数形式中应用最为广泛，它有中心和宽度两个可调函数，而整个网络的可调函数有各基函数的宽度、中心位置及输出单元的权值三组。本章 RBF 神经网络的隐含层作用基函数即选用高斯函数，设输入层为 $X = (x_1, x_2, \cdots, x_j, \cdots, x_n)$，输出层为 $Y = (y_1, y_2, \cdots, y_k, \cdots, y_p)$。输出层第 k 个神经元网络输出为

$$\hat{y}_k = \sum_{i=1}^{m} \omega_{ik} R_i(X) \qquad k = 1, 2, \cdots, p \tag{9.4}$$

式中　　n——输入层节点数；

　　　　m——隐含层节点数；

　　　　p——输出层节点数；

　　　　ω_{ik}——隐含层第 i 个神经元与输出层第 k 个神经元的连接权值；

　　　　$R_i(X)$——隐含层第 i 个神经元的作用函数。

9.2　RBF 神经网络径流预测

采用 RBF 神经网络模型对渭河流域中游的年径流量进行预测。建立的神经网络模型所采用的输入数据为渭河流域中游 1960—2002 年 43 年间的气温及降水量两个气候因素数据，建立 2 个输入、1 个隐含层（41 个节点）、1 个输出（2-1-1）的 RBF 神经网络，模型预测检验采用的是渭河流域 2003—2005 年共 3 年的年径流量资料。

经测试模型中径向基函数的宽度 r 取 0.24，模型训练到 2298 次后满足 1×10^{-4} 的精度要求，此时 $r = 0.0102$，拟合精度为 0.14%，拟合效果良好，见表 9.1 和图 9.2、图 9.3。

表 9.1　　　　　　　　　　　　RBF 神经网络训练结果

年份	实测值/亿 m³	拟合值/亿 m³	绝对误差/亿 m³	相对误差/%
1960	58.67	58.67	0.00	0.00
1961	110.07	110.15	0.08	0.07
1962	88.20	88.20	0.00	0.00
1963	101.73	101.73	0.00	0.00
1964	193.82	193.82	0.00	0.00

续表

年份	实测值/亿 m³	拟合值/亿 m³	绝对误差/亿 m³	相对误差/%
1965	84.74	84.74	0.00	0.00
1966	89.14	95.19	6.05	6.79
1967	106.97	112.05	5.08	4.75
1968	126.82	127.45	0.63	0.50
1969	62.69	62.45	0.24	0.38
1970	102.41	102.00	0.41	0.40
1971	61.52	56.44	5.08	8.26
1972	49.93	47.08	2.85	5.71
1973	79.29	79.12	0.17	0.21
1974	68.77	68.54	0.23	0.33
1975	129.03	129.03	0.00	0.00
1976	101.56	101.48	0.08	0.08
1977	60.29	60.29	0.00	0.00
1978	72.92	73.16	0.24	0.33
1979	56.44	56.44	0.00	0.00
1980	71.85	74.70	2.85	3.97
1981	116.35	116.35	0.00	0.00
1982	71.18	71.18	0.00	0.00
1983	145.30	145.30	0.00	0.00
1984	141.41	141.41	0.00	0.00
1985	96.76	96.93	0.17	0.18
1986	57.66	57.66	0.00	0.00
1987	71.08	71.08	0.00	0.00
1988	103.83	103.83	0.00	0.00
1989	83.89	83.89	0.00	0.00
1990	94.96	97.07	2.11	2.22
1991	59.08	59.08	0.00	0.00
1992	76.78	85.60	8.82	11.49
1993	79.81	79.81	0.00	0.00
1994	58.28	56.17	2.11	3.62
1995	34.77	34.77	0.00	0.00
1996	61.87	61.87	0.00	0.00
1997	34.86	34.86	0.00	0.00
1998	64.51	63.25	1.26	1.95
1999	59.55	60.10	0.55	0.92
2000	58.27	57.72	0.55	0.94
2001	38.39	38.39	0.00	0.00
2002	37.83	37.83	0.00	0.00

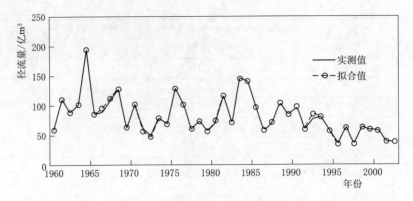

图 9.2　RBF 神经网络径流预测模型训练结果

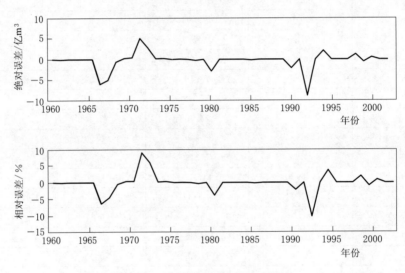

图 9.3　拟合绝对误差及相对误差

　　将训练样本模拟的神经网络对 2003—2005 年 3 年间的径流量进行预测，得到预测值分别为 116.3 亿 m³、56.17 亿 m³、78.18 亿 m³，其相对误差分别为 9.64%、11.13%、-3.43%，见表 9.2。其预测结果平均相对误差为 5.78%，预测结果有较高的准确性，表明 RBF 神经网络预测方法的准确性及可靠性，用于渭河流域中游径流预测的模拟效果良好。

表 9.2　　　　　　　　　　　　　　RBF 神经网络预测结果

年份	实测值/亿 m³	预测值/亿 m³	绝对误差/亿 m³	相对误差/%
2003	106.08	116.30	10.22	9.64
2004	50.55	56.18	5.63	11.13
2005	80.96	78.18	2.78	3.43

第10章

脉 冲 分 析 理 论 简 介

脉冲响应函数是追踪系统对一个内生变量的冲击效果，而方差分解是将系统的预测均方误差分解成系统中各变量冲击所做的贡献。通过建立 VAR 模型，运用脉冲响应函数分析方法考查变量间的动态冲击反应，运用预测方差分解技术进一步考查变量在解释冲击变动时的相对重要性。脉冲响应函数主要用于金融、经济、贸易时间序列分析。本章将VAR 模型、脉冲响应函数和方差分解理论引入气候变化和人类活动对河川径流影响的研究中，分析气候变化和人类活动各主要变量随机扰动对水文系统的动态影响，为水文水资源领域提供一种新的研究途径。

10.1 时间序列的概念及分类

某一个要素或指标在不同时间上的观测值或取值，按照时间顺序排列成一个数列，这个数列称为时间序列。如某水文站观测计算得到的日平均流量、日平均水位，以及据此计算得到的月平均流量、月平均水位、年平均流量、年平均水位，按时间先后顺序组成的时间序列分别可称为日平均流量时间序列、日平均水位时间序列、月平均流量时间序列、月平均水位时间序列、年平均流量时间序列、年平均水位时间序列。雨量站观测的降水量，按时间顺序组成的序列，称为降水时间序列。各种水文信息均可组成相应的时间序列，这样的时间序列不胜枚举。

设 X 是某一个要素或指标，数学上定义为随机过程，这一随机过程在不同时刻 t_1，t_2，$\cdots$，t_n 的取值为 x_1，x_2，$\cdots$，x_n，该离散有序数据集合 x_1，x_2，$\cdots$，x_n 称为离散数字时间序列，即随机过程的一次样本实现，也称一个时间序列。

表 10.1 给出了渭河流域某气象站 1960—1966 年各年的月降水资料，按时间顺序排成一个数列，称为降水时间序列，根据时间序列绘制的图形如图 10.1 所示。水文现象是一种自然现象，同时表现出确定性的一面和偶然性的一面，偶然性也称随机性，各月降水量数据之间存在着统计上的依赖关系，径流、气温等水文时间序列也具有类似的随机特征。

表 10.1　　　　　　　　渭河流域某气象站降水量

月份	降水量/mm						
	1960 年	1961 年	1962 年	1963 年	1964 年	1965 年	1966 年
1	0.2	2	6.7	0	7.4	0.1	2.8
2	2.4	0.5	15.4	2.8	8	5.9	12.4

续表

月份	降水量/mm						
	1960 年	1961 年	1962 年	1963 年	1964 年	1965 年	1966 年
3	33.7	37.3	0.3	31.7	27.2	37.3	37.2
4	52.9	68.9	23.7	53.9	52.7	71.5	47.2
5	40.9	72.8	41.6	109.6	127.8	53.3	30.7
6	5.6	88.7	32.4	25.5	44.7	66.9	65.3
7	144.3	71.1	64	38.3	84.7	141.5	99.5
8	108.2	38.8	154.5	102	81.7	42.7	26.6
9	86.1	43.6	45.7	109.8	202.1	57.2	105.4
10	70.2	148.7	111.9	38.4	125	65.3	52.4
11	15.1	46.7	55.2	55.3	13.5	13.6	8.2
12	2.8	2.1	5.1	16.8	7.5	4.9	0

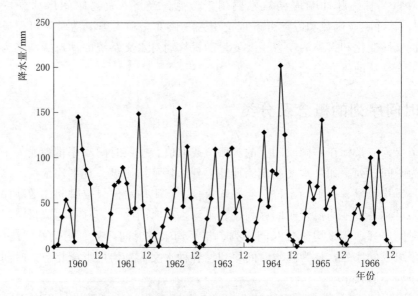

图 10.1　渭河流域某气象站月降水时间序列

　　时间序列是所研究系统的历史行为的客观记录，因而包含了系统结构特征及其运行规律。水文时间序列也是如此。如径流是一个流域气候条件、下垫面条件和人类活动等综合影响的结果，径流量就是这种结果的具体表现。按年、月、日收集的年径流时间序列、月径流时间序列和日径流时间序列包含了水文系统的结构特征及其运行规律。因此，可通过对径流时间序列的研究来认识水文系统的结构特征，揭示其变化规律，进而预测径流，为水资源的开发、利用与管理提供支持。

　　时间序列按所研究对象的数量来分类，有一元时间序列和多元时间序列。表 10.1 所示的时间序列为一元时间序列，仅是各年度降水按月排列的观测数据。如果同时列出按年、月排列的气温、降水量、径流量等数据，每个时刻 t 同时对应多个变量，则这种序列为多元时间序列，见表 10.2。多元时间序列不仅描述了各个变量的变化规律，而且揭示了各变量间相互依存关系的动态规律。

表 10.2　　　　　　　　　　　气温、降水量和径流量序列

年份	气温/℃	降水量/mm	径流量/亿 m³	年份	气温/℃	降水量/mm	径流量/亿 m³
1960	13.63	46.87	4.889	1971	13.27	46.30	4.703
1961	13.87	51.77	9.179	1972	13.18	43.78	3.923
1962	13.50	46.38	7.350	1973	14.01	45.64	6.593
1963	13.08	48.68	8.478	1974	13.17	52.21	5.712
1964	13.01	65.19	16.152	1975	13.40	55.97	10.753
1965	13.28	46.68	7.062	1976	12.81	42.82	8.457
1966	13.82	40.64	7.933	1977	13.91	28.84	5.024
1967	12.99	45.18	9.338	1978	13.92	44.17	6.097
1968	13.31	52.26	10.621	1979	13.56	40.93	4.703
1969	13.14	34.08	5.205	1980	13.05	42.67	6.225
1970	13.03	55.19	8.500				

10.2　平稳时间序列和非平稳时间序列

　　时间序列分平稳时间序列和非平稳时间序列。时间序列的平稳性是指时间序列的统计规律不会随时间的推移而发生变化，即生成时间序列数据的随机过程的特征不随时间变化而变化。若绘出一个平稳时间序列的变化曲线，可以看到该曲线围绕一个常数附近做随机波动，波动幅度范围基本一致，无明显的趋势性或周期性。理论上有两种意义的平稳性：一种是严格平稳；另一种是广义平稳。严格平稳是指随机过程的联合分布函数与时间位移无关，即

$$F_{t_1,t_2,\cdots,t_n}(x_1,x_2,\cdots,x_n)=F_{t_1+h,t_2+h,\cdots,t_n+h}(x_1,x_2,\cdots,x_n) \qquad (10.1)$$

　　广义平稳是随机过程 $\{x_1,x_2,\cdots,x_n\}$ 的均值函数、方差函数均为常数，且协方差函数仅是时间间隔 $t-s$ 的函数。

$$E_{x_t}=E_{x_{t+h}}=m（m\text{ 为常数},h\text{ 为任意数}） \qquad (10.2)$$

$$Cov(x_t,x_s)=Cov(x_{t+h},x_{s+h})=r(t-s,0)=r_{t-s} \qquad (10.3)$$

$$Var(x_t)=r_0（r_0\text{ 为常数}） \qquad (10.4)$$

　　平稳时间序列 $\{x_1,x_2,\cdots,x_n\}$ 的均值、方差、协方差等数字特征是不随时间的变化而变化的。在各个时间点上的随机性服从一定的概率分布。利用平稳时间序列的这个特点，可以根据 $\{x_1,x_2,\cdots,x_n\}$ 时间序列建立模型，拟合时刻 t_n 之前的信息，利用该模型预测时刻 t_n 之后的随机变量 x_{n+1} 的信息，或时间序列 $\{x_{n+1},x_{n+2},\cdots\}$ 的信息。

　　而非平稳时间序列的数字特征，如均值函数、方差函数不是常数，是时间的函数，是随着时间的变化而变化的，其协方差函数也不仅仅是时间间隔的函数。非平稳时间序列在各个时刻的随机变化规律是不同的。所以，非平稳时间序列与平稳时间序列不同，无法通过已知的时间序列信息 $\{x_1,x_2,\cdots,x_n\}$ 去掌握序列整体上的随机性。在实践中遇到的水文时间序列大多是非平稳时间序列。

10.2.1 平稳时间序列建模方法

自回归滑动平均（auto‐regressive moving average，ARMA）模型是一类最常用的描述随机时间序列的模型，用于拟合平稳时间序列，该模型由 Box 和 Jenkins 创立，因此也称为 B−J 方法。它是一种精度较高的时间序列短期预测方法，其基本思想是：某些时间序列是依赖于时间的一组随机变量，构成该时间序列的值虽然具有不确定性，但整个序列的变化却有一定的规律性，可以用相应的数学模型近似描述。

ARMA 模型有三种基本形式：自回归模型（auto‐regressive，AR）、滑动平均模型（moving average，MA）和自回归滑动平均模型（auto‐regressive moving average，AR-MA）。通过这些模型的分析研究，能够更清楚地认识时间序列的结构和特征，达到最小方差意义下的最优预测。AR、MA、ARMA 三种模型只适用于分析平稳时间序列的自相关性。

1. 自回归模型 AR

p 阶自回归模型记为 AR(p)，满足

$$
\left.
\begin{aligned}
&x_t = c + \phi_1 x_{t-1} + \phi_2 x_{t-2} + \cdots + \phi_p x_{t-p} + \varepsilon_t, t=1,2,\cdots,T \\
&\phi_p \neq 0 \\
&E(\varepsilon_t) = 0, Var(\varepsilon_t) = \sigma^2, E(\varepsilon_t \varepsilon_s) = 0, s \neq t \\
&E(x_t \varepsilon_s) = 0, \forall s < t
\end{aligned}
\right\}
\tag{10.5}
$$

式中　　　　　c——常数；

ϕ_1，ϕ_2，$\cdots$，ϕ_p——自回归模型系数；

p——模型的阶数；

ε_t——均值为 0、方差为 σ^2 的白噪声序列。

当 $p=1$ 时，AR(1) 为最简单且最常用的序列相关模型，即一阶自回归模型。

2. 滑动平均模型 MA

q 阶滑动平均模型记为 MA(q)，满足

$$
\left.
\begin{aligned}
&x_t = \mu + \theta_1 \varepsilon_{t-1} + \theta_2 x_{t-2} + \cdots + \theta_q \varepsilon_{t-q} + \varepsilon_t, t=1,2,\cdots,T \\
&\phi_q \neq 0 \\
&E(\varepsilon_t) = 0, Var(\varepsilon_t) = \sigma^2, E(\varepsilon_t \varepsilon_s) = 0, s \neq t
\end{aligned}
\right\}
\tag{10.6}
$$

式中　　　　　μ——常数；

θ_1，θ_2，$\cdots$，θ_q——q 阶滑动平均模型的系数；

q——模型的阶数；

ε_t——均值为 0、方差为 σ^2 的白噪声序列。

3. 自回归滑动平均模型 ARMA

由自回归和滑动平均两部分共同构成的随机过程称为自回归滑动平均过程，记为 ARMA(p，q)，其中 p、q 分别表示自回归和滑动平均部分的最大阶数。ARMA(p，q)须满足

$$x_t = c + \phi_1 x_{t-1} + \phi_2 x_{t-2} + \cdots + \phi_p x_{t-p} + \varepsilon_t - \theta_1 \varepsilon_{t-1} + \theta_2 \varepsilon_{t-2} + \cdots + \theta_q \varepsilon_{t-q}$$

$$\left.\begin{array}{l} \phi_p \neq 0, \theta_q \neq 0 \\ E(\varepsilon_t) = 0, Var(\varepsilon_t) = \sigma^2, E(\varepsilon_t \varepsilon_s) = 0, s \neq t \\ E(x_t \varepsilon_s) = 0, \forall s < t \end{array}\right\} \quad (10.7)$$

若利用延迟算子来表达，式（10.7）可简化为

$$(1 - \phi_1 L - \phi_2 L^2 - \cdots - \phi_p L^p) x_t = (1 + \theta_1 L + \theta_2 L^2 + \cdots + \theta_q L^q) \varepsilon_t + c \quad (10.8)$$

或

$$\Phi(L) x_t = \Theta(L) \varepsilon_t + c \quad (10.9)$$

其中 $\Phi(L) = 1 - \varphi_1 L - \varphi_2 L^2 - \cdots - \phi_p L^p$，$\Theta(L) = 1 + \theta_1 L + \theta_2 L^2 + \cdots + \theta_q L^q$

式中　　$\Phi(L)$、$\theta(L)$——L 的 p、q 阶特征多项式，即 p 阶自回归系数多项式和 q 阶滑动平均系数多项式。

当 $q=0$ 时，ARMA(p, q) 模型成为 AR(p) 模型；当 $p=0$ 时，ARMA(p, q) 模型成为 MA(q) 模型。ARMA(p, q) 模型的统计性质也是 AR(p) 和 MA(q) 模型统计性质的结合。ARMA(p, q) 平稳性只依赖于其自回归部分，即当 $\Phi(L) = 0$ 的全部根取值在单位圆之外（绝对值大于 1）；其可逆性则只依赖于滑动平均部分，即 $\Theta(L) = 0$ 的根取值应在单位圆之外。

10.2.2　非平稳时间序列建模方法

在实际研究中，大多数时间序列是非平稳的，非平稳时间序列的分析方法有确定性时序分析法和随机性时序分析法。

1. 确定性时序分析法

确定性时序分析法中最常用的一种方法是因素分析法，因素分析法将时间序列分解为长期趋势波动项、季节性波动项和随机性波动项，即认为时间序列的各种变化是由长期趋势波动、季节性波动和随机性波动三个方面的因素综合作用造成的。

趋势分析是提取具有某种显著趋势的序列中的趋势，并利用这种趋势对序列的发展进行预测。常用的趋势分析法有趋势拟合法和平滑法。

许多时间序列具有季节效应，即序列值会随着季节变化而呈现某种有规律的明显变动，并且这种变化还具有一定的周期性，凡是呈现出固定周期性变化的事件，均可称为具有"季节效应"。用季节指数计算季节效应的大小。

2. 随机性时序分析法

如果一个时间序列的均值或自协方差函数随时间而改变，那么这个序列就是非平稳时间序列。

对于随机过程 $\{y_1, y_2, \cdots, y_t\}$，若

$$y_t = \rho y_{t-1} + \varepsilon_t \quad (10.10)$$

其中，ε_t 为一稳定过程，且 $E(\varepsilon_t) = 0$，$Cov(\varepsilon_t, \varepsilon_{t-s}) = u_t < \infty (s = 0, 1, 2, \cdots)$，则称该过程为单位根（unit root）过程。特别地，若

$$y_t = y_{t-1} + \varepsilon_t \quad (10.11)$$

其中，ε_t 独立同分布，且 $E(\varepsilon_t) = 0$，$D(\varepsilon_t) = \sigma^2 < \infty$，则称 $\{y_1, y_2, \cdots, y_t\}$ 为一个随

机游走（random walk）过程。这是单位根过程的一个特例。

若单位根过程经过一阶差分后形成的序列是一个平稳过程，即

$$y_t - y_{t-1} = (1-L)y_t = \varepsilon_t \tag{10.12}$$

则称时间序列 $\{y_1, y_2, \cdots, y_t\}$ 为一阶单整（integration）序列，记作 $I(1)$。一般地，如果非平稳时间序列经过 d 次差分达到平稳，则称其为 d 阶单整序列，记作 $I(d)$。

平稳时间序列建模，一般先从已知相关理论出发设定模型形式，再由样本数据估计模型的参数。非平稳时间序列建模方式与平稳时间序列有着很大的不同。对于一个非平稳时间序列，其数字特征是随时间变化而变化的，很难利用其已知的信息建立模型去预测未来的信息。非平稳时间序列建模的基本思想是：将理论和数据信息有效结合，从变量的数据中所显示的关系出发，确定模型包含的变量和变量之间的理论关系。

随机性时序分析法中常用的模型为自回归差分整合滑动平均（auto-regressive integrated moving average，ARIMA）模型。建模过程是先通过差分运算将非平稳时间序列转化为平稳时间序列，若差分后的序列是白噪声序列，则再对差分后的序列建立 ARIMA 模型。因此，建立 ARIMA 模型之前首先需要对时间序列进行单位根检验。

假设一个随机过程含有 d 个单位根，其经过 d 次差分之后可以变换为一个平稳的自回归滑动平均过程，则该随机过程称为单整自回归滑动平均过程。

ARIMA(p, d, q) 满足式

$$\left. \begin{array}{l} \Phi(L)\Delta^d x_t = \Theta(L)\varepsilon_t \\ E(\varepsilon_t) = 0, Var(\varepsilon_t) = \sigma^2, E(\varepsilon_t \varepsilon_s) = 0, s \neq t \\ E(x_s \varepsilon_t) = 0, \forall s < t \end{array} \right\} \tag{10.13}$$

其中 $\Delta^d = (1-L)^d$；$\Phi(L) = 1 - \phi_1 L - \phi_2 L^2 - \cdots - \phi_p L^p$，$\Theta(L) = 1 + \theta_1 L + \theta_2 L^2 + \cdots + \theta_q L^q$

式中　$\Phi(L)$——平稳的自回归算子，ARMA(p, q) 模型的自回归系数多项式，$\phi(L) = 0$ 的根都大于 1；

$\quad\quad\theta(L)$——可逆的滑动平均算子，是可逆 ARMA(p, q) 模型的滑动平均系数多项式。

若取

$$y_t = \Delta^d x_t \tag{10.14}$$

则式（10.13）可表示为

$$\Phi(L)y_t = \Theta(L)\varepsilon_t \tag{10.15}$$

估计 ARIMA(p, d, q) 模型时，首先需要确定所研究的时间序列的差分阶数，即 d 的值。其余步骤与 ARMA(p, q) 模型估计步骤相同。

ARIMA(p, d, q) 模型有 $p + d$ 个特征根，p 个在单位圆内，d 个在单位圆上。由于 d 非零，因此模型总有特征根在单位圆上而非全部在单位圆内。因此，模型 ARIMA(p, d, q) 是非平稳的。

估计 ARIMA(p, d, q) 模型与估计 ARMA(p, q) 模型具体步骤相同，唯一不同的是在估计之前要确定序列的差分阶数 d。因此，ARIMA(p, d, q) 模型区别于 ARMA(p, q) 之处就在于前者的自回归部分的特征多项式含有 d 个单位根。

对一个序列建模之前，应当首先确定该序列是否具有非平稳性，这就需要对序列做平稳性检验，特别是检验其是否含有单位根及确定单位根的个数 d。

10.3 向量自回归模型

变量分内生变量、外生变量和先决变量。内生变量是具有一定概率分布的随机变量，其参数是模型待估元素，它不仅影响整个系统也受系统影响。外生变量是相对于内生变量而言的，是模型以外的变量，它会影响内生变量，但不是模型需要解释的变量，外生变量并不因为是模型以外的就与模型无关，相反它对内生变量具有重要影响，只是在建模型时假设外生变量在一定的时期或者某些情况下是不变的，在这样的前提下再考虑模型中其他变量的问题。先决变量是不直接由模型确定的变量，包括滞后内生变量和外生变量，其中滞后内生变量的取值由模型本身决定，而外生变量由模型外部确定并对系统有影响，但不受系统影响。

VAR 模型利用模型中每一个方程的内生变量对模型的全部内生变量的滞后值进行回归，从而估计全部内生变量的动态关系。

VAR 模型是将系统中所有变量都看成内生变量对称地引入方程中，这样既可以很少受到原有理论的约束，也可以避免变量缺少的问题，从而可以方便地分析各个变量之间的长期动态影响，研究随机干扰项对变量系统的动态影响和用于时间序列数据的预测，不带有任何事先约束条件。

采用 VAR 模型和脉冲响应函数，动态地观察径流量与降水量和气温的相关性以及彼此间的影响程度。模型中的内生变量为径流量、降水量和气温，水文系统中的其他变量视为外生变量，径流量、降水量和气温的滞后变量为先决变量。

VAR 模型通常用于相关时间序列系统的预测和随机扰动对变量系统的动态影响。

对 2 个或 2 个以上的时间序列变量之间的相互作用分析，适宜采用 VAR 模型来研究，可构建径流量与降水量、气温之间的 VAR 模型。VAR 模型用于相关时间序列系统的预测和研究随机扰动对变量系统的动态影响，模型避开了结构建模方法中需要对系统中每个内生变量关于所有内生变量滞后值函数的建模问题，它不带任何事先约束条件，将每个变量均视为内生变量。

VAR 模型是自回归模型的联立形式，假设 $y_{1,t}$、$y_{2,t}$ 之间存在关系，如果分别建立两个 AR 模型

$$\left.\begin{array}{l} y_{1,t} = f(y_{1,t-1}, y_{1,t-2}, \cdots) \\ y_{2,t} = f(y_{2,t-1}, y_{2,t-2}, \cdots) \end{array}\right\} \tag{10.16}$$

则无法捕捉两个变量之间的关系。如果采用联立的形式，就可以建立起两个变量之间的关系。VAR 模型的结构与两个参数有关：所含变量个数 n 和最大滞后阶数 k。

以两变量 $y_{1,t}$、$y_{2,t}$ 且滞后 1 期的 VAR 模型为例，有

$$\left.\begin{array}{l} y_{1,t} = c_1 + \beta_{11,1} y_{1,t-1} + \beta_{12,1} y_{2,t-1} + u_{1t} \\ y_{2,t} = c_2 + \beta_{21,1} y_{1,t-1} + \beta_{22,1} y_{2,t-1} + u_{2t} \end{array}\right\} \tag{10.17}$$

其中，u_{1t}，$u_{2t} \sim IID(0, \sigma^2)$，$Cov(u_{1t}, u_{2t}) = 0$。写成矩阵形式则为

$$\begin{bmatrix} y_{1t} \\ y_{2t} \end{bmatrix} = \begin{bmatrix} c_1 \\ c_2 \end{bmatrix} + \begin{bmatrix} \beta_{11,1} & \beta_{12,1} \\ \beta_{21,1} & \beta_{22,1} \end{bmatrix} \begin{bmatrix} y_{1,t-1} \\ y_{2,t-1} \end{bmatrix} + \begin{bmatrix} u_{1t} \\ u_{2t} \end{bmatrix} \qquad (10.18)$$

设

$$\boldsymbol{Y}_t = \begin{bmatrix} y_{1t} \\ y_{2t} \end{bmatrix}, \quad \boldsymbol{c} = \begin{bmatrix} c_1 \\ c_2 \end{bmatrix}, \quad \boldsymbol{B}_1 = \begin{bmatrix} \beta_{11,\ 1} & \beta_{12,\ 1} \\ \beta_{21,\ 1} & \beta_{22,\ 1} \end{bmatrix}, \quad \boldsymbol{u}_t = \begin{bmatrix} u_{1t} \\ u_{2t} \end{bmatrix}$$

则

$$\boldsymbol{Y}_t = \boldsymbol{c} + \boldsymbol{B}_1 \boldsymbol{Y}_{t-1} + \boldsymbol{u}_t \qquad (10.19)$$

那么，含有 n 个变量滞后 k 期的 VAR 模型可表示为

$$\boldsymbol{Y}_t = \boldsymbol{c} + \boldsymbol{B}_1 \boldsymbol{Y}_{t-1} + \boldsymbol{B}_2 \boldsymbol{Y}_{t-2} + \cdots + \boldsymbol{B}_k \boldsymbol{Y}_{t-k} + \boldsymbol{u}_t, \boldsymbol{u}_t \sim IID(0, \Omega) \qquad (10.20)$$

其中

$$\boldsymbol{Y}_t = (y_{1t},\ y_{2t},\ \cdots,\ y_{nt})'$$
$$\boldsymbol{c} = (c_1,\ c_2,\ \cdots,\ c_n)'$$
$$\boldsymbol{B}_j = \begin{bmatrix} \beta_{11,\,j} & \beta_{12.\,j} & \cdots & \beta_{1n.\,j} \\ \beta_{21,\,j} & \beta_{22.\,j} & \cdots & \beta_{2n.\,j} \\ \vdots & \vdots & \ddots & \vdots \\ \beta_{n1,\,j} & \beta_{n2.\,j} & \cdots & \beta_{nn.\,j} \end{bmatrix} \quad (j = 1,\ 2,\ \cdots,\ k)$$
$$\boldsymbol{u}_t = (u_{1t},\ u_{2t},\ \cdots,\ u_{nt})'$$

式中　　　　　$\boldsymbol{Y}_t$ ——$n \times 1$ 阶时间序列列向量；

c ——$n \times 1$ 阶常数项列向量；

$B_1,\ B_2,\ \cdots,\ B_k$ ——$n \times n$ 阶参数矩阵；

$\boldsymbol{u}_t \sim IID(0,\ \Omega)$ ——$n \times 1$ 阶随机误差列向量，其中每一个元素都是非自相关的，但这些元素，即不同方程对应的随机误差项之间可能存在相关。

由于 VAR 模型中每个方程的右侧只含有内生变量的滞后项，它们与 u_t 是渐进不相关的，所以可以用普通最小二乘法，即 OLS（ordinary least square，OLS）法依次估计每一个方程，得到的参数估计量都具有一致性。

10.4　模型阶数定阶准则

10.4.1　AR 模型定阶的 FPE 准则

1969 年，日本学者赤池弘治提出了 AR(p) 模型阶数检验准则，即 FPE 准则（final prediction error criterion，FPE）。FPE 准则称为最小最终预报误差准则，一步预报误差的方差越小，就认为模型拟合的越好，这个阶数即作为模型最合适的阶数。

10.4.2　AIC 准则

1973 年，赤池弘治提出 AIC 准则（akaike information criterion，AIC），其全称是最小信息量准则，该准则认为一个拟合较好的模型主要由两方面决定：一方面是似然函数值越大越好；另一方面是未知参数越少越好，目的是从数据所包含的信息量中取得最大的信

息，AIC 的表达式如下

$$\mathrm{AIC}(p) = -2\ln(\text{模型的极大似然函数 } L) + 2(\text{模型的独立参数个数})$$

在平稳时间序列 $\{X_t : 1 \leqslant t \leqslant N\}$ 为正态分布的前提下，对 $\{X_t : 1 \leqslant t \leqslant N\}$ 拟合 ARMA(n, m) 模型，用极大似然方法估计模型的参数，L 是模型的极大似然值，经过一定变换，信息量准则可表示为

$$\mathrm{AIC}(p) = N\ln(\hat{\sigma}_a^2) + 2p + c \tag{10.21}$$

式中　$\hat{\sigma}_a^2$——AR(p) 模型残差方差的极大似然估计；

　　　p——参数个数，$p = n + m$；

　　　c——常数；

　　　N——样本容量。

当阶数 p 升高时，式（10.21）的第一项拟合残差方差的对数是单调下降的，第二项随 p 升高而增加。给定数据个数 N，模型阶数从 0 开始，逐步增加阶数，AIC(p) 的值呈下降趋势，这时起决定性作用的是模型残差方差，即式（10.21）的第一项。当阶数 p 达到某一值 p_0 时，AIC(p_0) 达到最小。之后随着阶数的增加，残差方差改进甚微，这时起决定性作用的是式（10.21）的第二项，AIC 的值随模型阶数而增长，第一项下降不人明显，所以 AIC(p) 的值是增大的。p_0 即是模型的最佳回归阶数。使 AIC 函数值达到最小的模型被认为是最优模型。

10.4.3　SIC 准则

为了弥补 AIC 准则的不足，Akaike 于 1976 年提出了 BIC 准则（bayesian information criterion，BIC），1978 年 Schwartz 根据贝叶斯理论也得出与 BIC 同样的判别准则，该准则也称为 SIC 准则（schwartz information criterion，SIC）。对于 ARMA 模型定阶，L 是模型的极大似然值，SIC 准则函数定义为

$$\mathrm{SIC}(n, m) = -2\ln(L) + \ln(N)p \approx N\ln(\hat{\sigma}_a^2) + \ln(N)p + c \tag{10.22}$$

式中　$\hat{\sigma}_a^2$——AR(p) 模型残差方差的极大似然估计；

　　　p——参数个数，$p = n + m$；

　　　c——常数；

　　　N——样本容量。

使 SCI 值达到极小时的阶数为最优阶数，对应的模型为最优模型。

10.5　脉冲响应函数

VAR 模型中的系数较多，尤其当变量较多和滞后阶数较高时，模型中各个等式中的系数就更加多了，这么多的系数不是研究的重点，因为 VAR 模型中单个系数只反映一个局部的关系，不能够捕捉系统内各变量间全面复杂的动态过程。所以，在分析 VAR 模型时，往往分析当系统内一个误差项发生变化，或者说模型受到某种冲击时对系统的动态影响，这种分析方法称为脉冲响应函数方法。脉冲响应函数用于衡量来自随机扰动项的一个标准差冲击对内生变量当前和未来取值的影响，描述了一个内生变量对误差冲击的反应和

这些影响的轨迹，显示了任意一个变量的扰动影响其他变量，最终又反馈到自身的过程，从而揭示了变量之间相互冲击作用的方向。

用时间序列来分析影响关系，就是分析扰动项的影响是如何传播到各变量的。以 VAR(2) 模型来说明脉冲响应函数的基本思想。

$$\left.\begin{array}{l} x_t = a_1 x_{t-1} + a_2 x_{t-2} + b_1 y_{t-1} + b_2 y_{t-2} + \varepsilon_{1t} \\ y_t = c_1 x_{t-1} + c_2 x_{t-2} + d_1 y_{t-1} + d_2 y_{t-2} + \varepsilon_{2t} \end{array}\right\} \quad t = 1, 2, \cdots, T \qquad (10.23)$$

式中　　x_t，y_t——变量；

a_i，b_i，c_i，d_i——参数；

$\boldsymbol{\varepsilon}_t = (\varepsilon_{1t}, \varepsilon_{2t})'$——扰动项，称为新息（innovation）。

假定 $\boldsymbol{\varepsilon}_t$ 是白噪声向量，系统从 0 期开始活动，此时设 $x_{-1} = x_{-2} = y_{-1} = y_{-2} = 0$，第 0 期给定扰动项 $\varepsilon_{10} = 1$，$\varepsilon_{20} = 0$，并且其后均为 0，即 $\varepsilon_{1t} = \varepsilon_{2t} = 0 (t = 1, 2, \cdots)$，称此为第 0 期给 x 以脉冲。x_t 与 y_t 的影响，$t = 0$ 时

$$x_0 = 1, \quad y_0 = 0$$

将该结果代入式（10.23），$t = 1$ 时

$$x_1 = a_1, \quad y_1 = c_1$$

再把上面的结果代入式（10.23），$t = 2$ 时

$$x_2 = a_1^2 + a_2 + b_1 c_1, \quad y_2 = c_1 a_1 + c_2 + d_1 c_1$$

将所得结果依次代入式（10.23），设求得结果为

$$x_1, x_2, x_3, x_4, \cdots$$
$$y_1, y_2, y_3, y_4, \cdots$$

那么，x_1，x_2，x_3，x_4，$\cdots$ 称为由 x 的脉冲引起的 x 的响应函数，y_1，y_2，y_3，y_4，$\cdots$ 称为由 x 的脉冲引起的 y 的响应函数。

同理，如果从 $\varepsilon_{10} = 0$，$\varepsilon_{20} = 1$ 出发，同样可以求得由 y 的脉冲引起的 x 的响应函数和 y 的响应函数。

10.6　方差分解

考查 VAR 模型时，还可以采用方差分解方法研究模型的动态特征。脉冲响应函数反映的是 VAR 模型中的一个内生变量的冲击给其他内生变量所带来的影响。脉冲响应函数描述的是随着时间的推移，模型中的各变量对于冲击是如何反应的，对变量间的影响关系做出了细致的描述。而方差分解是通过分析每一个结构冲击对内生变量变化的贡献度，进一步评价不同结构冲击的重要性。所以，方差分解给出了对模型中的变量产生影响的每个随机扰动项的相对重要性的信息。

方差分解的主要思想是：把系统中每个内生变量（共 m 个）的波动（k 步预测均方误差）按其成因分解为与各方程新息相关联的 m 个组成部分，从而了解各新息对模型内生变量的相对重要性。

根据

$$y_{it} = \sum_{j=1}^{k} \left[c_{ij}^{(0)} \varepsilon_{jt} + c_{ij}^{(1)} \varepsilon_{jt-1} + c_{ij}^{(2)} \varepsilon_{jt-2} + c_{ij}^{(3)} \varepsilon_{jt-3} + \cdots \right] \quad i = 1, 2, \cdots, T \quad (10.24)$$

各括号中的内容是第 j 个扰动项 ε_j 从无限过去到现在时点对 y_i 影响的总和。求其方差，假定 ε_j 无序列相关，则

$$E\left\{ \left[c_{ij}^{(0)} \varepsilon_{jt} + c_{ij}^{(1)} \varepsilon_{jt-1} + c_{ij}^{(2)} \varepsilon_{jt-2} + \cdots \right]^2 \right\} = \sum_{q=0}^{\infty} (c_{ij}^{q})^2 \sigma_{jj} \quad i, j = 1, 2, \cdots, k \quad (10.25)$$

就是把第 j 个扰动项对第 i 个变量从无限过去到现在时点的影响，用方差加以评价的结果。

假定扰动项向量的协方差矩阵 $\sum$ 是对角阵，则 y_i 的方差是上述方差的 k 项简单和。

$$Var(y_{it}) = \sum_{j=1}^{k} \left\{ \sum_{q=0}^{\infty} \left[c_{ij}^{(q)} \right]^2 \sigma_{jj} \right\} \quad i = 1, 2, \cdots, k, t = 1, 2, \cdots, T \quad (10.26)$$

y_i 的方差可以分解成 k 种不相关的影响，各个扰动项对 y_i 的相对方差贡献率定义为

$$RVC_{j-i}(\infty) = \frac{\sum_{q=0}^{\infty} \left[c_{ij}^{(q)} \right]^2 \sigma_{jj}}{var(y_{it})} = \frac{\sum_{q=0}^{\infty} \left[c_{ij}^{(q)} \right]^2 \sigma_{ji}}{\sum_{j=1}^{k} \left\{ \sum_{q=0}^{\infty} \left[cc_{ij}^{(q)} \right]^2 \sigma_{jj} \right\}} \quad i, j = 1, 2, \cdots, k \quad (10.27)$$

相对方差贡献率（relative variance contribution，RVC）是根据第 j 个变量基于冲击的方差对 y_i 的方差的相对贡献度来观测第 j 个变量对第 i 个变量的影响。

在模型满足平稳性的条件下，$c_{ij}^{(q)}$ 随着 q 的增大呈几何级数性的衰减，所以可以只取有限的 s 项，得到近似的相对方差贡献率

$$RVC_{j-i}(s) = \frac{\sum_{q=0}^{s-1} \left[c_{ij}^{(q)} \right]^2 \sigma_{jj}}{\sum_{j=1}^{k} \left\{ \sum_{q=0}^{s-1} \left[c_{ij}^{(q)} \right]^2 \sigma_{jj} \right\}} \quad i, j = 1, 2, \cdots, k \quad (10.28)$$

$RVC_{j-i}(s)$ 具有如下性质：

(1) $\qquad\qquad 0 \leqslant RVC_{j-i}(s) \leqslant 1 \quad i, j = 1, 2, \cdots, k \qquad\qquad (10.29)$

(2) $\qquad\qquad \sum_{j=1}^{k} RVC_{j-i}(s) = 1 \quad i, j = 1, 2, \cdots, k \qquad\qquad (10.30)$

如果 $RVC_{j-i}(s)$ 大，意味着第 j 个变量对第 i 个变量的影响大；相反，$RVC_{j-i}(s)$ 小时，意味着第 j 个变量对第 i 个变量的影响小。

第**11**章

渭河流域中游水文系统脉冲响应分析

11.1 数据预处理

数据采用代表渭河流域中游气象和径流条件站点的降水量、径流量和气温资料，分别用 P_0、R_0 和 TE_0 表示。这些资料各自构成一个时间序列，如降水时间序列、径流时间序列和气温时间序列。

下文中用 P、R 和 TE 分别表示经自然对数处理后的降水量、径流量和气温变量，即 $P = \ln(P_0)$、$R = \ln(R_0)$ 和 $TE = \ln(TE_0)$。对数据进行对数处理可以实现数据序列非线性化到线性的转化，达到降阶的效果，即数据更加平滑。

用 DP、DR 和 DTE 分别表示降水量、径流量和气温的一阶差分。

11.2 气象水文时间序列单位根检验

检查序列平稳性的标准方法就是单位根检验。单位根检验的方法有多种，本节主要介绍 DF 检验、ADF 检验、PP 检验。

1. DF 检验

有如下一个 AR（1）的过程

$$y_t = \phi y_{t-1} + \varepsilon_t \tag{11.1}$$

式中 ε_t——白噪声。

若参数 $|\phi| < 1$，则序列 y_t 是平稳的；而当 $|\phi| > 1$ 时，序列是发散的，没有实际意义。所以，只需检验 $|\phi|$ 是否严格小于 1。

实际检验时，将式（11.1）写成

$$\Delta y_t = \gamma y_{t-1} + \varepsilon_t \tag{11.2}$$

其中 $$\gamma = \phi - 1$$

假设检验为

$$H_0: \gamma = 0, H_1: \gamma < 0$$

在序列存在单位根的原假设下，对参数 γ 估计值进行显著性检验的 t 统计量不服从常规的 t 分布。Dickey 和 Fuller 于 1979 年给出了检验用的模拟临界值，故该检验被称为 DF 检验。Eviews（econometrics views，Eviews）是专门为大型机构开发的用以处理时间序列数据的时间序列软件包。在 Eviews 中给出的是由 MacKinnon 改进的单位根检验的临界值。

根据序列 y_t 的性质不同，DF 检验除了有式（11.2）外，还有如下两种形式：

（1）包含常数项

$$\Delta y_t = c + \gamma y_{t-1} + \varepsilon_t \tag{11.3}$$

（2）包含常数项和线性时间趋势项

$$\Delta y_t = c + \delta t + \gamma y_{t-1} + \varepsilon_t \tag{11.4}$$

一般地，如果序列 y_t 在零均值上下波动，则应该选择不包含常数项和时间趋势项的检验方程，即式（11.2）；如果序列具有非零均值，但没有时间趋势，可选择式（11.3）；若序列随时间变化有上升或下降的趋势，应采用式（11.4）。

2. ADF 检验

在 DF 检验中，对于式（11.2）常常因为序列存在高阶滞后相关而破坏了随机误差项 ε_t 是白噪声的假设，为了保证 DF 检验中随机误差项的白噪声特性，Dicky 和 Fuller 对 DF 检验进行了改进，形成了 ADF（augment dickey – fuller，ADF）检验。它假定序列 y_t 服从 AR(p) 过程。检验方程为

$$\Delta y_t = \phi_1 y_{t-1} + \phi_2 \Delta y_{t-2} + \cdots + \phi_{p-1} \Delta y_{t-p+1} + \varepsilon_t \tag{11.5}$$

ADF 检验的假设与 DF 检验相同。在实际操作中，式（11.5）中的参数 p 视具体情况而定，一般选择能保证 ε_t 是白噪声的最小的 p 值。对比式（11.2）可知，DF 检验是 ADF 检验的一个特例。与 DF 检验一样，ADF 检验也有另外两种形式，即包含常数项与同时含有常数项和趋势项。

3. PP 检验

Phillips 和 Perron(1988) 提出一种非参数方法来控制序列中的高阶序列相关。对 AR(1) 的 PP 检验为

$$\Delta y_t = a + \gamma y_{t-1} + u_t \tag{11.6}$$

ADF 检验通过在方程右边添加滞后差分项来修正高阶序列相关。PP 检验通过 y 参数的 t 统计量来修正 AR(1) 的 ε 序列相关。这种修正方法是非参数的，因为使用 ε 在零频率的谱估计。零频率对未知形式的异方差性和自相关性较稳健。Eviews 使用 Newey – West 异方差和自相关一致估计

$$\omega^2 = y_0 + 2\sum_{j=1}^{q}\left(1 - \frac{v}{q+1}\right)y_i \tag{11.7}$$

$$\gamma_i = \frac{1}{T}\sum_{t=j+1}^{T} u_t u_{t-j} \tag{11.8}$$

q 是截断滞后值。PP 统计量计算公式为

$$t_{pp} = \frac{\gamma^{\frac{1}{2}} t_\gamma}{w} - \frac{(w^2 - y_0)T s_\gamma}{2ws} \tag{11.9}$$

式中　　t_γ——t 统计量；

　　　　s_γ——y 的标准差；

　　　　s——检验回归标准差。

PP 统计量渐进分布同 ADF 的 t 统计量一样。

11.2.1 径流时间序列单位根检验

对时间序列数据进行估计必须要求其具备平稳性，否则，根据 Granger 和 Newbold 的理论，对非平稳时间序列的估计很可能出现伪回归的结果。因此，首先对时间序列的水平值进行单位根（ADF）平稳性检验，如果水平值不平稳，则需要对差分值进行单位根检验。

时间序列的单位根检验，首先要确定滞后阶数，滞后阶数的确定可以根据 AKaike 与 Schwarz 信息准则选出最合适的滞后期数。AKaike 与 Schwarz 信息准则都是关于 $\sum e^2$ 的函数，这两个函数同时取得最小值时，模型最优。改变滞后阶数，根据 AIC 和 SC 值，找到使检验方程的 AIC 和 SC 值达到最小的方程中的滞后阶数，为所对应的滞后阶数。为检验某个系列的单位根，需要对三种模型（即有常数无趋势、有常数有趋势和无常数无趋势）及不同滞后阶数 Lag Length 情况进行检验。

1. 有常数无趋势模型单位根检验

检验时间序列的单位根，检验类型 (c, t, p) 中的三个参数 c、t、p 分别表示常数项、时间趋势项和滞后阶数。$(c, 0, p)$ 表示有常数无趋势模型，(c, t, p) 表示有常数有趋势模型，$(0, 0, p)$ 表示无常数无趋势模型。滞后阶数 p 需要根据 AIC 和 SC 值确定。

表中列出了 1%、5% 和 10% 三种显著性水平上的临界值。若 ADF 检验值小于临界值，则说明被检验的时间序列是平稳的；否则，说明被检验的时间序列是非平稳的。

径流 R 时间序列有常数无趋势项模型的滞后阶数分别设为 0、1 和大于 1，三种滞后阶数的检验结果见表 11.1。经试算，滞后阶数为 0、1 及大于 1 的情况下，计算结果均相同，根据 AIC 和 SC 值，找到使检验方程的 AIC 和 SC 值达最小的方程中的滞后阶数为 0。三种显著性水平 1%、5% 和 10% 上的临界值均大于 ADF 检验值，说明径流 R 时间序列是平稳的。

表 11.1 R 单位根 ADF 检验 $(c, 0, p)$

检验类型	AIC	SC	ADF 检验	1%临界值	5%临界值	10%临界值
$(c, 0, 0)$	0.9225	1.0028	-4.8147	-3.5847	-2.9281	-2.6022
$(c, 0, 1)$	0.9225	1.0028	-4.8147	-3.5847	-2.9281	-2.6022
$(c, 0, >1)$	0.9225	1.0028	-4.8147	-3.5847	-2.9281	-2.6022

2. 有常数有趋势模型单位根检验

有常数有趋势模型 (c, t, p) 滞后阶数 p 需要根据 AIC 和 SC 值确定。径流 R 时间序列有常数有趋势项模型的滞后阶数分别设为 0、1 或大于 1，三种滞后阶数的检验结果见表 11.2。经试算，滞后阶数为 0、1 及大于 1 的情况下，计算结果均相同。

表 11.2 R 单位根 ADF 检验 (c, t, p)

检验类型	AIC	SC	ADF 检验	1%临界值	5%临界值	10%临界值
$(c, t, 0)$	0.7792	0.8997	-5.9970	-4.1756	-3.5131	-3.1869
$(c, t, 1)$	0.7792	0.8997	-5.9970	-4.1756	-3.5131	-3.1869
$(c, t, >1)$	0.7792	0.8997	-5.9970	-4.1756	-3.5131	-3.1869

因此，径流 R 时间序列有常数有趋势项模型的滞后阶数为 0，三种显著性水平 1%、5% 和 10% 上的临界值均大于 ADF 检验值，说明径流 R 时间序列是平稳的。

3. 无常数无趋势模型单位根检验

径流 R 时间序列无常数无趋势项模型 $(0，0，p)$ 滞后阶数 p 需要根据 AIC 和 SC 值确定。无常数无趋势模型的滞后阶数分别设为 0、1、>1，三种滞后阶数的检验结果见表 11.3。经试算，滞后阶数为 0、1 及 >1 的情况下，计算结果均相同。

表 11.3　　　　　　　　R 单位根 ADF 检验 $(0，0，p)$

检验类型	AIC	SC	ADF 检验	1%临界值	5%临界值	10%临界值
$(0，0，0)$	1.2982	1.3383	−0.7075	−2.6174	−1.9483	−1.6122
$(0，0，1)$	1.0586	1.1397	−0.6031	−2.6186	−1.9485	−1.6121
$(0，0，>1)$	1.0586	1.1397	−0.6031	−2.6186	−1.9485	−1.6121

因此，判断径流 R 时间序列无常数无趋势项模型的滞后阶数为 0，三种显著性水平 1%、5% 和 10% 上的临界值均小于 ADF 检验值，说明径流 R 时间序列是非平稳的。

有常数无趋势模型与有常数有趋势模型检验径流 R 为平稳序列，但无常数无趋势模型检验 R 为非平稳序列，需要进一步对径流的一阶差分 DR 做单位根检验，以确定径流序列的单整阶数。

11.2.2　径流一阶差分时间序列单位根检验

对径流一阶差分时间序列 DR 有常数无趋势 $(c，0，p)$、有常数有趋势 $(c，t，p)$、无常数无趋势 $(0，0，p)$ 三种模型进行单位根检验，检验过程同径流 R 时间序列。

1. 有常数无趋势模型单位根检验

有常数无趋势模型 $(c，0，p)$，滞后阶数设置为 0、1、>1，经过检验，滞后阶数 $p>1$ 时与 $p=1$、$p=0$ 时结果相同，因此滞后阶数为 0。检验结果见表 11.4，径流一阶差分有常数无趋势模型单位根 ADF 值小于 10%、5% 和 1% 临界值，表明 DR 为平稳序列。

表 11.4　　　　　　　　DR 单位根 ADF 检验 $(c，0，p)$

检验类型	AIC	SC	ADF 检验	1%临界值	5%临界值	10%临界值
$(c，0，0)$	1.0668	1.1479	−11.0752	−3.5885	−2.9297	−2.6031
$(c，0，1)$	1.0668	1.1479	−11.0752	−3.5885	−2.9297	−2.6031
$(c，0，>1)$	1.0668	1.1479	−11.0752	−3.5885	−2.9297	−2.6031

2. 有常数有趋势模型单位根检验

有常数有趋势模型 $(c，t，p)$，滞后阶数设置为 0、1、>1，经过检验，三种情况的检验结果相同，因此确定滞后阶数为 0。检验结果见表 11.5，径流一阶差分有常数有趋势模型单位根 ADF 值小于 1%、5% 和 10% 临界值，表明 DR 为平稳序列。

表 11.5　　　　　　　　　　　　　　DR 单位根 ADF 检验 (c, t, p)

检验类型	AIC	SC	ADF 检验	1%临界值	5%临界值	10%临界值
(c, t, 0)	1.1121	1.2338	−10.9201	−4.1809	−3.5155	−3.1883
(c, t, 1)	1.1121	1.2338	−10.9201	−4.1809	−3.5155	−3.1883
(c, t, >1)	1.1121	1.2338	−10.9201	−4.1809	−3.5155	−3.1883

3. 无常数无趋势模型单位根检验

建立无常数无趋势模型 (0, 0, p)，滞后阶数设置为 0、1、>1，对三种滞后阶数的模型进行单位根检验，检验结果见表 11.6，径流一阶差分无常数无趋势模型单位根 ADF 值小于 1%、5% 和 10% 临界值，表明 DR 为平稳序列。

表 11.6　　　　　　　　　　　　　　DR 单位根 ADF 检验 (0, 0, p)

检验类型	AIC	SC	ADF 检验	1%临界值	5%临界值	10%临界值
(0, 0, 0)	1.0218	1.0623	−11.2028	−2.6186	−1.9485	−1.6121
(0, 0, 1)	1.0218	1.0623	−11.2028	−2.6186	−1.9485	−1.6121
(0, 0, >1)	1.0218	1.0623	−11.2028	−2.6186	−1.9485	−1.6121

三种模型的滞后阶数由低到高测试，得出三种模型的滞后阶数均为 0，而且 ADF 检验值均通过了 1% 临界值检验，径流一阶差分的三种模型的单位根检验结果均为平稳序列，因此，判断径流 R 水平值为非平稳序列，径流一阶差分 DR 序列为平稳序列，称径流 R 为一阶单整序列 $I(1)$。

11.2.3　降水时间序列单位根检验

降水水平时间序列 P 单位根检验过程同径流水平值的单位根检验，有常数无趋势、有常数有趋势、无常数无趋势三种模型的检验结果见表 11.7。经检验，有常数无趋势模型的滞后阶数为 0，ADF 检验值为 −7.6843，小于 1% 临界值 −3.5847，因此降水水平值为平稳序列。有常数有趋势模型的滞后阶数为 0，ADF 检验值为 −7.8346，小于 1% 临界值 −4.1756，因此降水水平值为平稳序列。无常数无趋势模型的滞后阶数为 3，ADF 检验值为 −0.1058，大于 1% 临界值 −0.1058，因此判断降水水平值为非平稳序列。

表 11.7　　　　　　　　　　　　　　P 单位根 ADF 检验

检验类型	AIC	SC	ADF 检验	1%临界值	5%临界值	10%临界值
(c, 0, 0)	−0.1094	−0.0291	−7.6843	−3.5847	−2.9281	−2.6022
(c, t, 0)	−0.1014	0.0190	−7.8346	−4.1756	−3.5131	−3.1869
(0, 0, 3)	0.3096	0.4751	−0.1058	−2.6212	−1.9489	−1.6119

三种模型中，有常数无趋势模型和有常数有趋势模型单位根检验表明，降水水平值为平稳序列，但无常数无趋势模型单位根检验表明降水水平值为非平稳序列。

为后续建立 VAR 模型，需要进一步检验降水一阶差分的单位根，以确定降水序列的单整阶数。

11.2.4 降水一阶差分时间序列单位根检验

对降水一阶差分时间序列 DP 建立有常数无趋势 $(c,0,p)$、有常数有趋势 (c,t,p)、无常数无趋势 $(0,0,p)$ 三种模型。对这三种模型进行单位根检验，检验过程同径流一阶差分时间序列。检验结果见表 11.8。

表 11.8   **DP 单 位 根 ADF 检 验**

检验类型	AIC	SC	ADF 检验	1%临界值	5%临界值	10%临界值
$(c,0,3)$	0.3099	0.4754	−6.5959	−3.5966	−2.9332	−2.6049
$(c,t,2)$	0.3551	0.5620	−6.5214	−4.1923	−3.5208	−3.1913
$(0,0,2)$	0.2623	0.3864	−6.6823	−2.6212	−1.9489	−1.6119

经检验，有常数无趋势模型的滞后阶数为 3，ADF 检验值为 −6.5959，小于 1%临界值 −3.5966，因此降水一阶差分值为平稳序列。有常数有趋势模型的滞后阶数为 2，ADF 检验值为 −6.5214，小于 1%临界值 −4.1923，因此降水一阶差分值为平稳序列。无常数无趋势模型的滞后阶数为 2，ADF 检验值为 −6.6823，小于 1%临界值 −2.6212，因此降水一阶差分值为平稳序列。降水一阶差分三种模型的单位根检验结果均表明降水一阶差分 DP 为平稳序列，即降水为一阶单整序列，记为 $I(1)$。

11.2.5 气温时间序列单位根检验

气温水平时间序列 TE 单位根检验过程同径流和降水水平值的单位根检验，三种模型的检验结果见表 11.9。经检验，有常数无趋势模型的滞后阶数为 0，ADF 检验值为 −2.4036，大于 1%临界值 −3.5847，因此气温水平值为非平稳序列。有常数有趋势模型的滞后阶数为 0，ADF 检验值为 −4.1055，大于 1%临界值 −4.1756，因此气温水平值为非平稳序列。无常数无趋势模型的滞后阶数为 3，ADF 检验值为 1.4104，大于 1%临界值 −2.6212，因此气温水平值为非平稳序列。

表 11.9   **TE 单 位 根 ADF 检 验**

检验类型	AIC	SC	ADF 检验	1%临界值	5%临界值	10%临界值
$(c,0,0)$	−3.6776	−3.5973	−2.4036	−3.5847	−2.9281	−2.6022
$(c,t,0)$	−3.8515	−3.7311	−4.1055	−4.1756	−3.5131	−3.1869
$(0,0,3)$	−3.9079	−3.7424	1.4104	−2.6212	−1.9489	−1.6119

径流和降水序列的有常数无趋势模型和有常数有趋势模型的单位根检验结果表明，径流和降水均为平稳序列，但径流和降水的无常数无趋势模型的单位根检验表明径流和降水均为非平稳序列。与径流和降水序列不同，气温序列三种模型的单位根检验结果均表明气温水平值为非平稳序列，为后续建立 VAR 模型，需要进一步检验气温一阶差分的单位根，以确定气温序列的单整阶数。

11.2.6 气温一阶差分时间序列单位根检验

对气温一阶差分时间序列 DTE 的有常数无趋势 $(c,0,p)$、有常数有趋势 (c,t,p)、无常数无趋势（0，0，p）三种模型进行单位根检验，检验过程与气温水平时间序列相同，检验结果见表 11.10。

表 11.10 　　　　　　　　　　　DTE 单 位 根 ADF 检 验

检验类型	AIC	SC	ADF 检验	1%临界值	5%临界值	10%临界值
$(c，0，2)$	−3.9074	−3.7419	−7.4805	−3.5966	−2.9332	−2.6049
$(c，t，2)$	−3.9423	−3.7355	−7.8813	−4.1923	−3.5208	−3.1913
$(0，0，2)$	−3.9045	−3.7804	−7.2611	−2.6212	−1.9489	−1.6119

经检验，气温一阶差分序列有常数无趋势模型的滞后阶数为 2，ADF 检验值为 −7.4805，小于 1%临界值 −3.5966，因此气温一阶差分序列为平稳序列。有常数有趋势模型的滞后阶数为 2，ADF 检验值为 −7.8813，小于 1%临界值 −4.1923，因此气温一阶差分值为平稳序列。无常数无趋势模型的滞后阶数为 2，ADF 检验值为 −7.2611，小于 1%临界值 −2.6212，因此气温一阶差分序列为平稳序列。三种模型的检验结果均表明气温一阶差分序列 DTE 为平稳序列，记为 $I(1)$，称气温序列为一阶单整序列。

径流 R、降水 P 和气温 TE 时间序列的检验结果汇总在表 11.11 中。结果表明径流量 R、降水量 P 和气温 TE 时间序列均为一阶单整序列 $I(1)$。

表 11.11 　　　　　　径流量、降水量和气温水平值及其一阶差分单位根 ADF 检验

变量	检验类型	AIC	SC	ADF 检验	1%临界值	5%临界值	10%临界值	结论
	$(c，0，0)$	0.9225	1.0028	−4.8147	−3.5847	−2.9281	−2.6022	平稳
R	$(c，t，0)$	0.7792	0.8997	−5.9970	−4.1756	−3.5131	−3.1869	平稳
	$(0，0，0)$	1.2982	1.3383	−0.7075	−2.6174	−1.9483	−1.6122	非平稳
	$(c，0，0)$	1.0668	1.1479	−11.0752	−3.5885	−2.9297	−2.6031	平稳
DR	$(c，t，0)$	1.1121	1.2338	−10.9201	−4.1809	−3.5155	−3.1883	平稳
	$(0，0，0)$	1.0218	1.0623	−11.2028	−2.6186	−1.9485	−1.6121	平稳
	$(c，0，0)$	−0.1094	−0.0291	−7.6843	−3.5847	−2.9281	−2.6022	平稳
P	$(c，t，0)$	−0.1014	0.0190	−7.8346	−4.1756	−3.5131	−3.1869	平稳
	$(0，0，3)$	0.3096	0.4751	−0.1058	−2.6212	−1.9489	−1.6119	非平稳
	$(c，0，2)$	0.3099	0.4754	−6.5959	−3.5966	−2.9332	−2.6049	平稳
DP	$(c，t，2)$	0.3551	0.5620	−6.5214	−4.1923	−3.5208	−3.1913	平稳
	$(0，0，2)$	0.2623	0.3864	−6.6823	−2.6212	−1.9489	−1.6119	平稳
	$(c，0，0)$	−3.6776	−3.5973	−2.4036	−3.5847	−2.9281	−2.6022	非平稳
TE	$(c，t，0)$	−3.8515	−3.7311	−4.1055	−4.1756	−3.5131	−3.1869	非平稳
	$(0，0，3)$	−3.9079	−3.7424	1.4104	−2.6212	−1.9489	−1.6119	非平稳
	$(c，0，2)$	−3.9074	−3.7419	−7.4805	−3.5966	−2.9332	−2.6049	平稳
DTE	$(c，t，2)$	−3.9423	−3.7355	−7.8813	−4.1923	−3.5208	−3.1913	平稳
	$(0，0，2)$	−3.9045	−3.7804	−7.2611	−2.6212	−1.9489	−1.6119	平稳

11.3 向量自回归模型（1960—1990 年）

根据 8.5 节的分析，渭河流域中游径流突变点为 1990 年，为此将数据分为突变点前后两个数据段（1960—1990 年和 1991—2005 年），分别分析突变点前后径流量、降水量和气温的脉冲响应。

水文系统中，径流形成过程是指降水降落到流域，经地面及地下汇入河流到达出口断面的整个物理过程，径流量受降水量和气温的影响，反过来，径流量的变化也会影响降水量和气温，最终又反馈到径流量自身的变化。

首先建立 3 个变量（即径流量、降水量和气温）的 VAR 模型，见表 11.12。

表 11.12 VAR 模型参数估计值（突变前）

变量	R	P	TE
$R(-1)$	0.0220	−0.0166	−0.0342
	(0.3152)	(0.2367)	(0.0263)
	[0.0699]	[−0.0701]	[−1.2992]
$R(-2)$	−0.1639	−0.3300	0.0345
	(0.3124)	(0.2346)	(0.0261)
	[−0.5248]	[−1.4067]	[1.3212]
$R(-3)$	0.4364	0.2146	−0.0476
	(0.2794)	(0.2098)	(0.0233)
	[1.5618]	[1.0227]	[−2.0401]
$P(-1)$	0.1603	−0.0386	−0.0080
	(0.5199)	(0.3904)	(0.0434)
	[0.3083]	[−0.0990]	[−0.1849]
$P(-2)$	1.0214	0.4669	−0.0765
	(0.5131)	(0.3853)	(0.0429)
	[1.9906]	[1.2117]	[−1.7844]
$P(-3)$	0.4410	−0.1554	0.0591
	(0.4245)	(0.3187)	(0.0355)
	[1.0390]	[−0.4876]	[1.6664]
$TE(-1)$	0.4090	−0.1817	−0.1300
	(2.7409)	(2.0580)	(0.2289)
	[0.1492]	[−0.0883]	[−0.5678]
$TE(-2)$	10.2489	3.4439	−0.3652
	(2.6555)	(1.9939)	(0.2218)
	[3.8595]	[1.7272]	[−1.6469]

续表

变量	R	P	TE
	3.6576	−0.6595	−0.0970
TE（−3）	(2.7398)	(2.0572)	(0.2288)
	[1.3350]	[−0.3206]	[−0.4238]
	−41.9389	−3.6855	4.3178
C	(14.5485)	(10.9239)	(1.2150)
	[−2.8827]	[−0.3374]	[3.5539]

表中的第一列对应 VAR 模型中一个变量的方程。对方程右端的每一个变量，给出系数的估计值，圆括号中的数字为标准差，方括号中的数字为 t 统计量。

也可用方程式表达，即

$$
\begin{aligned}
R = {}& -41.9389 + 0.0220R_{t-1} - 0.1639R_{t-2} + 0.4364R_{t-3} + 0.1603P_{t-1} + 1.0214P_{t-2} \\
& + 0.4410P_{t-3} + 0.4090TE_{t-1} + 10.2489TE_{t-2} + 3.6576TE_{t-3} \\
P = {}& -3.6855 - 0.0166R_{t-1} - 0.3300R_{t-2} + 0.2146R_{t-3} - 0.0386P_{t-1} + 0.4669P_{t-2} \\
& - 0.1554P_{t-3} - 0.1817TE_{t-1} + 3.4439TE_{t-2} - 0.6595TE_{t-3} \\
TE = {}& 4.3178 - 0.0342R_{t-1} + 0.0345R_{t-2} - 0.0476R_{t-3} - 0.0080P_{t-1} - 0.0765P_{t-2} \\
& + 0.0591P_{t-3} - 0.1300TE_{t-1} - 0.3652TE_{t-2} - 0.0970TE_{t-3}
\end{aligned}
\tag{11.10}
$$

VAR 模型的滞后阶数根据 LR 检验、FPE、AIC、SC 及 HQ 来确定，表 11.13 为各指标选择结果，四种指标都指示滞后阶数为 3 时为最优，一种指标显示滞后阶数为 0 时为最优。AIC 指标指示滞后阶数为 3 时最优，但 SC 指标指示滞后阶数为 0 时最优，当 AIC 与 SC 判断结果不一致时，以 AIC 为准，因此，VAR 模型的滞后阶数选为 3 阶。

表 11.13　　　　　　　　　　　VAR 模型滞后阶数选择（突变前）

Lag	LogL	LR	FPE	AIC	SC	HQ
0	67.67	NA	0.00	−4.79	−4.65*	−4.75
1	76.12	14.39	0.00	−4.75	−4.17	−4.58
2	83.72	11.26	0.00	−4.65	−3.64	−4.35
3	102.23	23.30*	1.06×10^{-6}	−5.35*	−3.91	−4.92*
4	106.31	4.23	0.00	−4.99	−3.11	−4.43

注　*表示由评价指标选择的最优滞后期。

下面通过 AR 根表检验当滞后阶数为 3 时的有效性。如果被估计的 VAR 模型所有根模的倒数都小于 1，即位于单位圆内，则其是稳定的。如果不稳定，某些结果将不是有效的。表 11.14 和图 11.1 结果表明，VAR 模型中特征根的倒数值全部小于 1，说明建立的 3 阶滞后阶数的 VAR 模型是一个平稳系统，同时表明脉冲响应函数的标准误差是有效的，该模型为后续做脉冲响应函数分析提供了条件。

表 11.14		VAR 模型的 AR 根表（突变前）	
根	模	根	模
0.232068−0.772286i	0.8064	−0.750691+0.251506i	0.7917
0.232068+0.772286i	0.8064	−0.401590−0.681119i	0.7907
0.642332−0.468433i	0.7950	−0.401590+0.681119i	0.7907
0.642332+0.468433i	0.7950	0.4092	0.4092
−0.750691−0.251506i	0.7917		

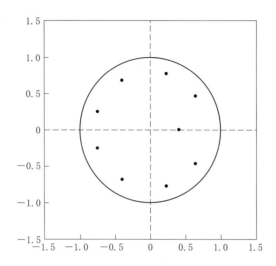

图 11.1　AR 特征根多项式根的倒数图（突变前）

11.4　广义脉冲响应函数（1960—1990 年）

在 VAR(1) 模型中，如果 u_{1t} 发生变化，不仅当前的 y_{1t} 值立即改变，而且还会通过当前的 y_{1t} 值影响到变量 y_{1t} 和 y_{2t} 今后的取值。脉冲响应函数试图描述这些影响的轨迹，显示任意一个变量的扰动如何通过模型影响所有其他变量，最终又反馈到自身的过程。如果新息是相关的，它们将包含一个不与某特定变量相联系的共同成分。通常，将共同成分的效应归属于 VAR 系统中第一个出现（依照方程顺序）的变量。这里，$\varepsilon_{1,t}$ 和 $\varepsilon_{2,t}$ 的共同成分都归于 $\varepsilon_{1,t}$。所以，改变 VAR 模型中的方程顺序可能会导致脉冲响应的很大不同。采用广义脉冲响应函数可以避免使用脉冲响应函数结果受到排序的影响。

建立 AR 模型，分析径流量关于降水量和气温变量标准差扰动项变化的具体响应以及对残差的标准差由不同新息的冲击影响的比例的预测。

径流量与降水量和气温之间存在协整关系，即长期均衡关系，但是并没有反映出各变量的单位变化对整个系统的影响，以及各变量对这些扰动的综合反应，因此，需进一步建立脉冲响应函数，进而判断各变量之间的长期均衡关系。即计算一个标准差大小的径流量、降水量和气温的冲击对径流量、降水量和气温的影响。

一阶 VAR 模型为

$$TE_t = a_0 + a_1 R_{t-1} + a_2 P_{t-1} + a_3 TE_{t-1} + \varepsilon_{1t} \tag{11.11}$$

$$P_t = b_0 + b_1 R_{t-1} + b_2 P_{t-1} + b_3 TE_{t-1} + \varepsilon_{2t} \tag{11.12}$$

$$R_t = d_0 + d_1 R_{t-1} + d_2 P_{t-1} + d_3 TE_{t-1} + \varepsilon_{3t} \tag{11.13}$$

考虑扰动或变化 ε_1、ε_2 和 ε_3 对模型（11.11）~模型（11.13）产生的影响。首先 ε_1 的变化将立即影响模型（11.11），即影响气温；并很快影响模型（11.12）和模型（11.13），即影响降水和径流。随着时间的推移，扰动的最初影响在模型里的扩散将引起模型中所有变量的更大变化。

脉冲响应就是试图描述这些影响的轨迹，分辨气温、降水和径流各内生变量的扰动，使人们能够确定一个变量的意外变化是如何影响模型里所有其他变量及其自身的。如果模型是线性的，并且误差项彼此不相关，就可以分析这些轨迹。但对非线性模型来说，这一点不一定能做到，因为在非线性模型中，单个内生变量不一定出现在每个方程的左边。

对一个内生变量引入一个一期扰动，把 ε_1 在时间 $t=0$ 增加 1 个标准差，这个扰动只保持一个时期，可以称它为一个"脉冲"，只要在内生变量气温 TE 所能影响的范围内，这个扰动将影响模型（11.11）~模型（11.13），影响所有其他可能的两个内生变量径流 R 和降水 P。此后，这种扰动可能会对原来的气温 TE 产生比最初的影响还大的影响，因为这时这个扰动已经带上了其他两个变量的反馈作用。

然后，再引入一个对下一个内生变量降水 P 的一期扰动，把一个时期的 ε_2 增加 1 个标准差，跟踪 ε_2 对模型中所有变量的影响，勾勒出其轨迹。对其余两个内生变量做相应的脉冲分析。

根据以上估计的 VAR 模型，通过脉冲响应函数就可以清楚地概括出该模型动态结构的性质，显示出任何一个变量的扰动如何通过模型影响所有其他变量，最终又反馈到自身的动态过程。

11.4.1 径流脉冲响应分析

脉冲响应函数能够单独考虑各个变量的冲击对其他变量的影响，即检验的是某一个内生变量冲击对其他内生变量所带来的反应。对内生变量协方差矩阵进行 Cholesky 分解，得到正交化的脉冲响应函数。假定对 R、P 和 TE 实施一个正向冲击，计算各变量的脉冲响应函数。

图 11.2 表示径流对径流的脉冲响应，即在径流的随机误差项上施加一个单位冲击后，对径流量当期值和未来值的影响。图中横轴表示冲击持续时间（冲击作用的滞后阶数），纵轴表示一个变量受冲击后的反应，即脉冲响应函数（响应程度），实线表示单位脉冲冲击的脉冲响应函数时间路径，两条虚线表示正负两倍的标准差偏离带，即两个标准差的置信区间。

由图 11.2 可以看出，在整个研究期间，径流对其自身的一个标准差新息的冲击立刻表现出正响应，这种正响应从第 1 年就明显表现出来，使径流量增加 0.28，但到第 2 年就减少为 0.03，第 3 年有所增加，为 0.06，第 4 年又有所下降，为 0.05，在整个研究期响应呈螺旋式波动减少的趋势，波动幅度逐渐缩小，第 5 年之后响应有正有负，第 10 年响应为 0.01。

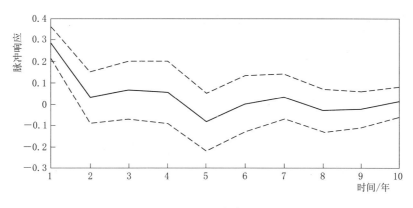

图 11.2 径流对径流的脉冲响应（突变前）

径流对降水的一个标准差新息冲击的响应也较大，在第 1 年响应达 0.24，即降水增加 1 个单位会导致径流增加 0.24，而且在整个分析期均表现出正负相间的响应。第 2 年降为 0.04，第 3 年响应比第 2 年有所增大，为 0.07，第 4 年响应为 0.05，以后响应有正有负，波动幅度呈缩窄趋势，直至第 10 年基本稳定在 0.01，如图 11.3 所示。

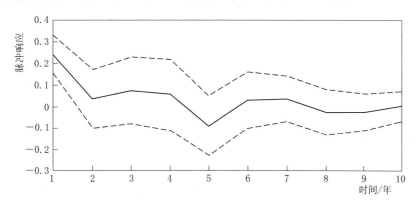

图 11.3 径流对降水的脉冲响应（突变前）

由图 11.4 可知，径流对气温的一个标准差新息冲击的响应在第 1 年为负响应，为 −0.08，即气温增加 1 个单位，径流量减少 0.08，第 2 年为 −0.006，第 3 年转为 0.17

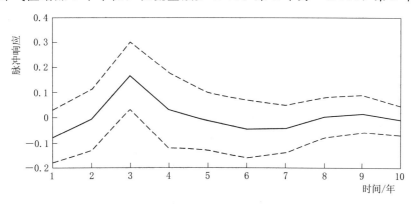

图 11.4 径流对气温的脉冲响应（突变前）

的正响应，第 4 年响应回落至 0.03，之后径流对气温的一个标准差新息冲击的反应依然有正有负，但绝对值即反应程度逐渐减小，至第 10 年基本稳定在 0.007 左右。与 8.6 节气象和水文因子相关性分析得出的"径流量与降水量正相关，径流量与气温负相关"的结论相一致。

如图 11.5 所示，将径流对径流、降水和气温冲击的响应表现在一张图中，可以清楚地看出，径流对自身初期有一个较强的正响应，对降水的响应次之，居第三位的是气温。径流对自身和降水的响应相差不大，而且响应路径非常相似，说明径流和降水的变化对径流的影响均较大。径流对径流和降水的响应大部分是正响应，少部分是负响应；径流对气温的响应正负相间，但路径与对径流和降水的响应路径基本相反。

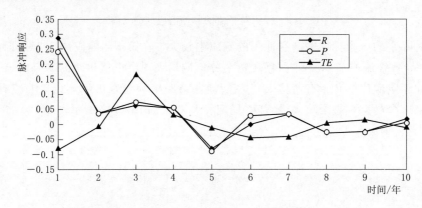

图 11.5　径流对径流、降水和气温的脉冲响应（突变前）

11.4.2　降水脉冲响应分析

图 11.6 表示降水对降水的脉冲响应，即在降水的随机误差项上施加一个单位冲击后，对降水量当期值和未来值的影响。由图 11.6 分析，降水对于其自身的一个标准差信息的扰动立刻显现出较大的正响应，降水增加 0.21，但到第 2 年这种响应变为负响应−0.01，负响应持续到第 5 年，第 6 年、第 7 年变为正响应，之后又转为负响应，第 10 年响应值稳定在 0.01。除第 1 年响应值较大外，其余研究期的响应绝对值在 0.01～0.03 范围内振荡。

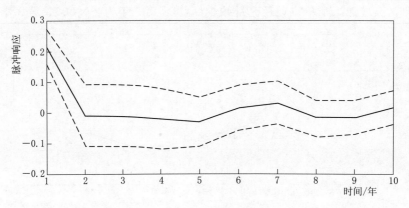

图 11.6　降水对降水的脉冲响应（突变前）

图11.7表示降水对径流的脉冲响应，即在径流方程的随机误差项上施加一个单位冲击后，对降水量当期值和未来值的影响。降水对径流的一个标准差新息冲击的响应在第1年就立刻呈现出来，表现为0.18的正响应，第2年立即减少至－0.01，负响应一直持续至第5年，之后正负相间，至第10年研究期末基本稳定在0.01。

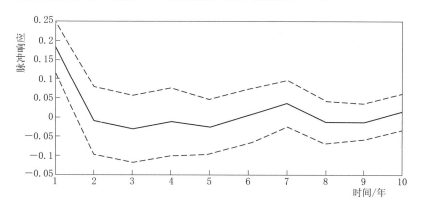

图11.7　降水对径流的脉冲响应（突变前）

降水对气温的一个标准差新息冲击第1年为－0.09的负响应，第2年负响应转变为微弱的正响应0.0004，第3年正响应增强至0.07，第4～6年为负响应，第7～9年为正响应，第10年气温脉冲对降水的影响为－0.01，如图11.8所示。

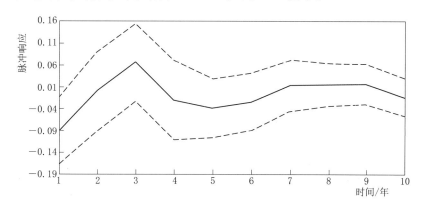

图11.8　降水对气温的脉冲响应（突变前）

总之，降水对自身初期有一个较强的正响应，降水对径流的一个标准差扰动第1年立刻表现出较强的正响应，降水对气温的脉冲为负响应。第1年降水对这三个变量的响应大小依次为降水、径流和气温，以后各年降水对三个变量的响应程度有所不同，径流和降水脉冲对降水的影响路径非常相似，路径几近重叠，如图11.9所示。

11.4.3　气温脉冲响应分析

图11.10～图11.13表示气温对径流、降水和气温的脉冲响应，即在径流、降水和气温方程的随机误差项上施加一个单位冲击后，对气温当期值和未来值的影响。由图11.11分析，气温对径流的一个标准差新息冲击的响应在第1年为－0.006，第2年负响应略有

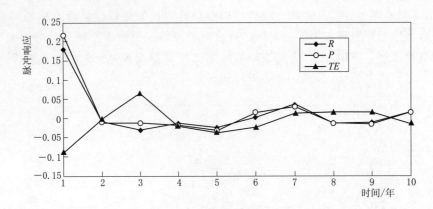

图 11.9 降水对径流、降水和气温的脉冲响应（突变前）

增强，为－0.01，之后响应又有所波动，呈正负相间变化，至第 10 年稳定在 0.001。

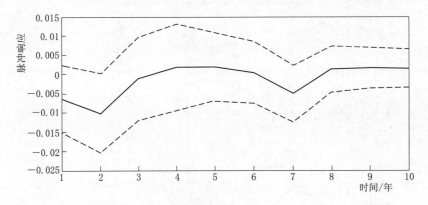

图 11.10 气温对径流的脉冲响应（突变前）

气温对降水的一个标准差新息冲击的响应第一年为负响应，即降水的增加引起气温的下降。第 1 年的响应较强烈，为－0.01，负响应持续了 3 年，到第 4 年转为正响应 0.006，第 7 年为－0.007 的负响应，第 10 年响应稳定在 0.001，如图 11.11 所示。

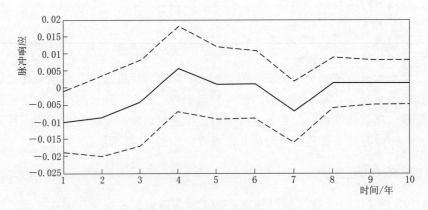

图 11.11 气温对降水的脉冲响应（突变前）

由图 11.12 分析，气温对自身的一个标准差新息冲击的反应具有明显的正响应，第 1

年的响应值最大，为 0.024，第 2 年快速下降为 0.0003，之后响应正负相间，但振幅有所缩减，至第 10 年基本稳定在 0.002。

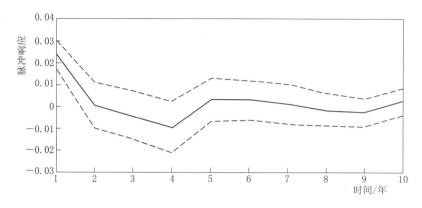

图 11.12 气温对气温的脉冲响应（突变前）

总之，气温对自身初期脉冲立即有正响应，对径流和降水脉冲全部为负响应，就响应绝对值而言，气温对三个变量的响应强度排序为气温、降水和径流。径流和降水的脉冲对气温的影响路径相同，影响程度略有差别，气温对自身的脉冲响应始终是最强烈的，如图 11.13 所示。

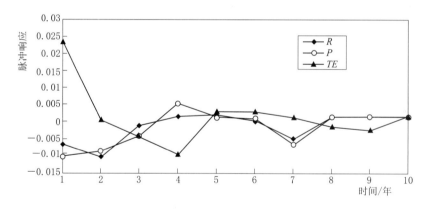

图 11.13 气温对径流、降水和气温的脉冲响应（突变前）

11.5 径流预测方差分解（1960—1990 年）

方差分解是指当系统的某个变量受到一个单位的冲击之后，以变量的预测误差方差百分比的形式反映向量之间的交互作用程度。它的基本思路是：把系统中每个内生变量的变动按其成因分解为与各方程随机扰动项，即新息相关联的各组成部分，以了解各新息对模型内生变量的相对重要性。

应用方差分解法对径流量不同预测期误差的方差进行分解，来确定降水和气温的变化对径流量的解释成分，将径流量 10 步预测误差的方差分解为由降水、径流自身和气温所产生的新息形成的贡献率，见表 11.15。表中数据包括五列。第一列是预测期，第二列为变量的各期预测标准误差。后三列均是百分数，分别代表以降水量、径流量和气温为因变量的方程新息对各期径流预测误差的贡献度。

表 11.15　　　　　　　　　　　径流预测的方差分解（突变前）

时期	预测标准误差	降水/%	径流/%	气温/%
1	0.28	71.4	28.6	0.0
2	0.29	71.8	28.1	0.1
3	0.37	47.8	17.2	35.0
4	0.38	47.7	16.5	35.8
5	0.39	49.6	15.4	35.0
6	0.40	48.9	16.4	34.7
7	0.40	48.9	16.2	34.9
8	0.40	49.1	16.2	34.7
9	0.40	49.2	16.2	34.6
10	0.40	49.1	16.3	34.6

　　从表 11.15 可以看出，径流量的波动在第 1 年受到降水和自身波动冲击的影响，降水对径流预测的贡献度为 71.4%，径流自身对径流预测的贡献度为 28.6%，第 2 年降水和径流的贡献度依然很大，分别为 71.8% 和 28.1%，降水的贡献度略有增加，径流的贡献度略有减少，气温对径流预测的影响表现出来，为 0.1%。第 3 年，降水和径流自身的贡献度逐渐下降，气温的贡献度增加至 35.0%，而且从第 3 年起，降水、径流和气温对径流预测的贡献度均基本保持稳定，仅在很小的范围内波动，在第 10 年，降水、径流和气温对径流预测的贡献度分别稳定在 49.1%、16.3% 和 34.6%，降水的影响仍起到主要作用，气温对径流的影响超过径流对其自身的影响，这是由于气温的波动直接影响降水量的波动，而径流受到降水的影响较大，因而气温通过降水间接影响到径流。说明初期径流量的预测误差，主要来自降水和自身冲击所做的贡献，后期径流量的预测误差主要来自降水和气温的扰动对其的贡献。具体如图 11.14 所示。

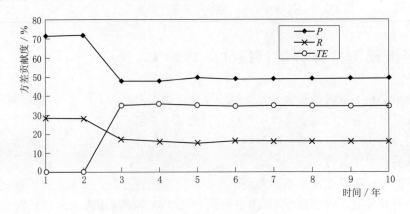

图 11.14　方差贡献度（突变前）

11.6 突变后向量自回归模型（1991—2005 年）

径流突变后的数据时间段为 1991—2005 年，对 1991—2005 年共计 15 年的径流、降水和气温序列进行脉冲响应分析。首先建立该时间段的 3 个变量（即径流量、降水量和气温）的 VAR 模型，见表 11.16。

表 11.16　　　　　　　　　　　　VAR 模型参数估计值（突变后）

变量	R	P	TE
$R(-1)$	1.3100	0.9953	−0.0768
	(0.7136)	(0.4560)	(0.1072)
	[1.8358]	[2.1830]	[−0.7170]
$R(-2)$	−0.9220	−0.5002	0.0453
	(0.6226)	(0.3978)	(0.0935)
	[−1.4809]	[−1.2575]	[0.4848]
$P(-1)$	−1.3581	−1.4971	0.1393
	(0.8164)	(0.5217)	(0.1226)
	[−1.6635]	[−2.8698]	[1.1364]
$P(-2)$	0.8524	0.1933	−0.0326
	(0.6646)	(0.4247)	(0.0998)
	[1.2826]	[0.4553]	[−0.3270]
$TE(-1)$	5.6013	4.0105	0.2540
	(3.4291)	(2.1910)	(0.5149)
	[1.6335]	[1.8304]	[0.4933]
$TE(-2)$	−2.3295	0.9154	0.0272
	(3.5504)	(2.2686)	(0.5331)
	[−0.6561]	[0.4035]	[0.0509]
C	−5.9466	−5.3019	1.5814
	(7.8194)	(4.9962)	(1.1742)
	[−0.7605]	[−1.0612]	[1.3468]

表中的第一列对应 VAR 模型中一个变量的方程。对方程右端的每一个变量，给出系数的估计值，标准差（圆括号中）和 t 统计量（方括号中）。

也可用方程式表达，即

$$
\left.
\begin{aligned}
R &= -5.9466 + 1.3100R_{t-1} - 0.9220R_{t-2} - 1.3581P_{t-1} + 0.8524P_{t-2} + 5.6013TE_{t-1} \\
&\quad - 2.3295TE_{t-2} \\
P &= -5.3019 + 0.9953R_{t-1} - 0.5002R_{t-2} - 1.4971P_{t-1} + 0.1933P_{t-2} + 4.0105TE_{t-1} \\
&\quad + 0.9154TE_{t-2} \\
TE &= 1.5814 - 0.0768R_{t-1} + 0.0453R_{t-2} + 0.1393P_{t-1} - 0.0326P_{t-2} + 0.2540TE_{t-1} \\
&\quad + 0.0272TE_{t-2}
\end{aligned}
\right\}
\quad (11.14)
$$

建立 VAR 模型，模型的滞后阶数根据 LR 检验、FPE、AIC、SC 及 HQ 来确定，表

11.17 为各指标选择结果，其中两种指标指示滞后阶数为 2 时为最优，两种指标指标滞后阶数为 0 时为最优，当 AIC 与 SC 不一致时，以 AIC 为准，暂选取最优滞后阶数为 2。

表 11.17　　　　　　　　　VAR 模型滞后阶数选择（突变后）

Lag	LogL	LR	FPE	AIC	SC	HQ
0	25.51	NA*	6.30e−06*	−3.46	−3.33*	−3.49
1	34.37	12.27	6.83e−06	−3.44	−2.92	−3.55
2	44.14	9.013	8.36e−06	−3.56*	−2.65	−3.75*

注　* 表示由评价指标选择的最优滞后期。

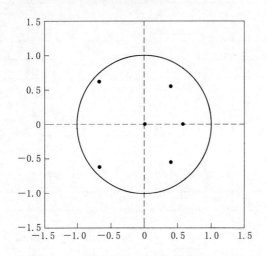

图 11.15　AR 特征根多项式根的倒数图（突变后）

滞后阶数的检验同样采用 AR 根模，如果被估计的 VAR 模型所有根模的倒数都小于 1，即位于单位圆内，则其是稳定的。如果不稳定，某些结果将不是有效的。表 11.18 和图 11.15 结果表明，2 阶滞后阶数的 VAR 模型中特征根的倒数值全部小于 1，建立的 VAR 模型是一个平稳系统，表明脉冲响应函数的标准误差是有效的，为做脉冲响应函数分析提供了条件，确定最优滞后阶数为 2 阶。

表 11.18　　　　　　　　　VAR 模型的 AR 根表（突变后）

根	模	根	模
−0.665019 − 0.620487i	0.909535	0.399876 + 0.549014i	0.679203
−0.665019 + 0.620487i	0.909535	0.583557	0.583557
0.399876 − 0.549014i	0.679203	0.013687	0.013687

11.7　广义脉冲响应函数（1991—2005 年）

为分析三个变量之间的关系，观察其中一个变量对其余两个变量的动态响应轨迹，定义响应函数的追踪期数值为 5，建立脉冲响应模型，分析径流、降水和气温的脉冲响应结果。

11.7.1　径流脉冲响应分析

同样对突变后的内生变量协方差矩阵进行 Cholesky 分解，得到正交化的脉冲响应函数。假定对突变后的 R、P 和 TE 实施一个正向冲击，计算各变量的脉冲响应函数。

图 11.16 表示径流对径流的脉冲响应，即在径流的随机误差项上施加一个单位冲击后，对径流量当期值和未来值的影响。图中横轴表示冲击持续时间，纵轴表示一个变量受冲击后的反应，即脉冲响应函数，实线表示单位脉冲冲击的脉冲响应函数时间路径，两条虚线表示正负两倍的标准差偏离带，即两个标准差的置信区间。

因数据系列是 1991—2005 年共 15 年，所以研究期不取 10 年，而取 5 年来分析。

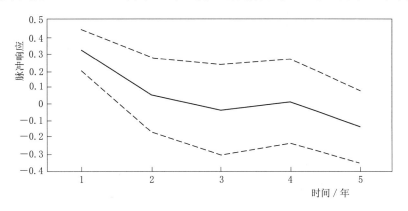

图 11.16　径流对径流的脉冲响应（突变后）

由图 11.16 可以看出，在整个研究期间，径流对其自身的一个标准差信息的冲击立刻表现出正响应，这种正响应从第 1 年就明显表现出来，使径流量增加 0.33，但到第 2 年就减少为 0.06，之后的响应呈正负波动的趋势，第 5 年响应为 −0.14。

径流对降水的一个标准差新息冲击的响应也较大，第 1 年响应高达 0.26。第 2 年快速降为 0.005，第 3 年响应比第 2 年有所增大，为 0.13，前 3 年为正响应，后 2 年为负响应而且响应幅度有所下降，第 5 年基本为 −0.09，如图 11.17 所示。

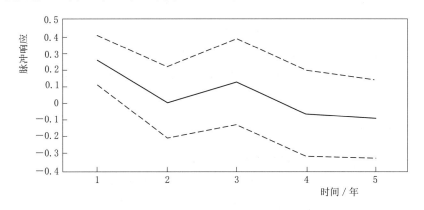

图 11.17　径流对降水的脉冲响应（突变后）

由图 11.18 可知，径流对气温的一个标准差新息冲击的响应有正有负，径流对气温的响应均按绝对值来分析。第 1 年的响应最大，为 0.17，第 2 年减小为 0.10，之后有所波动，第 5 年为 0.15。

将径流变量对径流自身及降水和气温的脉冲响应画在一张图上，即将来自不同新息的脉冲响应函数图合并显示，可更加清晰地发现三者之间的区别，如图 11.19 所示。

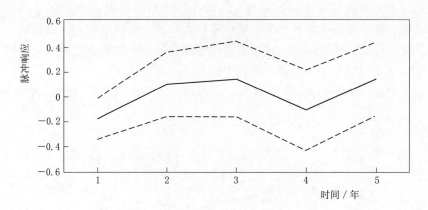

图 11.18　径流对气温的脉冲响应（突变后）

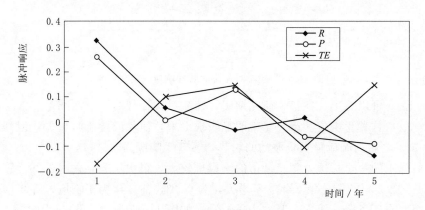

图 11.19　径流对径流、降水和气温的脉冲响应（突变后）

分析图 11.19 可见，径流对自身初期有一个较强的正响应，对降水的响应次之，居第三位的是气温。径流对自身和降水的响应轨迹相似度与 1991 年突变前的相似度有所降低。气温脉冲对径流的影响随着时间的推移，影响程度在增加，而降水和径流自身对径流的影响程度在降低。

11.7.2　降水脉冲响应分析

图 11.20 表示降水对降水的脉冲响应，即在降水量的随机误差项上施加一个单位冲击后，对降水量当期值和未来值的影响。由图 11.20 分析，降水对于其自身的一个标准差信息的扰动立刻显现出较高的正响应，降水增加 0.21，但第 2 年这种响应变为负响应 −0.09，正负相间变化的同时，振荡幅度在缩窄，第 5 年为 −0.09。

图 11.21 表示降水对径流的脉冲响应，降水对径流的一个标准差新息冲击的响应在第 1 年就立刻呈现出来，表现为 0.17 的正响应，第 2 年立即减少至 −0.03，第 3~5 年，响应在 −0.10~0.05 范围内振荡，如图 11.21 所示。

降水对气温的一个标准差新息冲击在第 1 年为 −0.04，第 2 年响应值增强为 0.08，第 3 年达到最大值 0.18，之后响应程度回落，第 5 年响应值为 0.12，如图 11.22 所示。

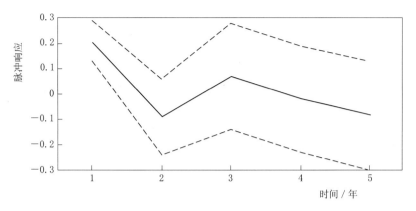

图 11.20　降水对降水的脉冲响应（突变后）

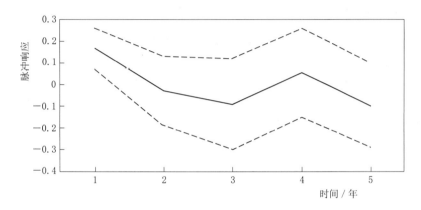

图 11.21　降水对径流的脉冲响应（突变后）

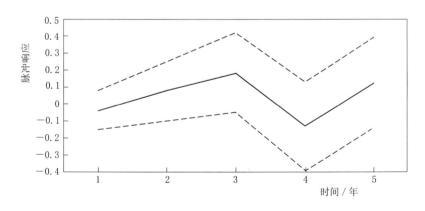

图 11.22　降水对气温的脉冲响应（突变后）

　　总之，降水对自身初期有一个较强的正响应，降水对径流的一个标准差扰动第 1 年立刻表现出较强的正响应，降水对气温的脉冲为负响应。第 1 年降水对这三个变量的响应程度大小依次为降水、径流和气温，第 3 年以后气温脉冲对降水的影响最大，超过径流和降水自身对降水的影响，如图 11.23 所示。

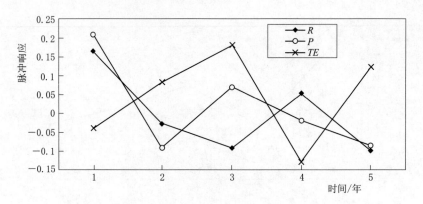

图 11.23　降水对径流、降水和气温的脉冲响应（突变后）

11.7.3　气温脉冲响应分析

图 11.24～图 11.27 表示气温对径流、降水和气温的脉冲响应，即在径流、降水和气温方程的随机误差项上施加一个单位冲击后，对气温当期值和未来值的影响。由图 11.24 分析，气温对径流的一个标准差新息冲击的响应在分析期前 4 年内均表现为负响应，第 1 年为 -0.03，就绝对值而言，第 2 年和第 3 年响应程度在减轻，第 4 年负响应略微增强后，第 5 年响应值转为较弱的正响应 0.006。

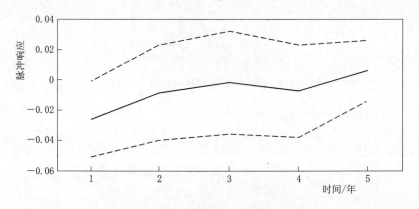

图 11.24　气温对径流的脉冲响应（突变后）

气温对降水的一个标准差新息冲击的响应第 1 年为负响应 -0.009，即降水的增加引起气温的下降。之后响应正负相间变化，但振幅在减小，到第 5 年响应为 0.006，如图 11.25 所示。

由图 11.26 分析，气温对自身的一个标准差新息冲击的反应具有明显的正响应，第 1 年的响应值最大，为 0.05，第 2 年为 0.02，第 3 年减少至 0.004，第 4 年略有增加后第 5 年转为负响应 -0.005。

总之，气温对自身初期脉冲立即有正响应，对径流和降水脉冲全部为负响应，就响应绝对值而言，气温对三个变量的响应程度排序为气温、径流和降水（第 3 年除外），如图 11.27 所示。气温对自身的脉冲响应始终是最强烈的。

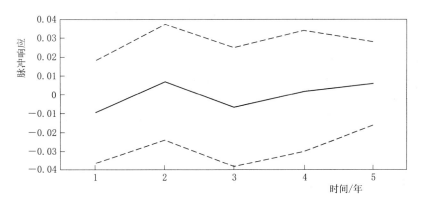

图 11.25　气温对降水的脉冲响应（突变后）

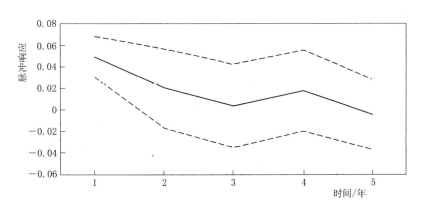

图 11.26　气温对气温的脉冲响应（突变后）

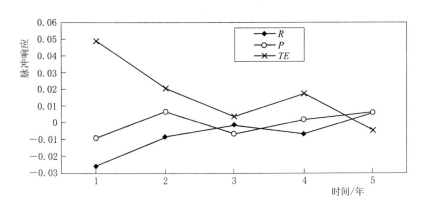

图 11.27　气温对径流、降水和气温的脉冲响应（突变后）

11.8　径流预测方差分解（1991—2005 年）

方差分解是指当系统的某个变量受到一个单位的冲击之后，以各变量的预测误差方差百分比的形式反映三者之间的交互作用程度。对突变后的 1991—2005 年径流序列，应用方差分解法对径流量不同预测期误差的方差进行分解，分析降水、径流和气温的变动对径流预测的贡献度，来确定降水和气温所产生的新息对径流量的解释成分，了解降水、径流和气温变化对径流的相对重要性。将径流量 5 步预测误差的方差分解为由它自身、降水和气温所产生的新息形成的贡献率，具体见表 11.19。

表 11.19　　　　　　　　　　径流预测的方差分解（突变后）

时期	预测标准误差	降水/%	径流/%	气温/%
1	0.326	63.3	36.7	0.0
2	0.395	43.1	29.6	27.3
3	0.474	37.2	43.3	19.5
4	0.494	35.9	44.2	19.9
5	0.520	35.4	44.3	20.3

表中数据包括五列：第一列是预测期；第二列为变量的各期预测标准误差；后三列均是百分数，分别代表以径流、降水和气温为因变量的方程新息对各期预测误差的贡献度。从表 11.19 可以看出，径流的波动在第 1 年受到降水和径流自身波动冲击的影响，降水对径流预测方差的贡献为 63.3%，径流自身对径流预测方差的贡献为 36.7%；从第 2 年开始，其自身的扰动和降水的扰动逐渐下降，气温的贡献度为 27.3%；第 3 年之后，径流的扰动超过降水和气温的扰动；至第 5 年，径流、降水和气温对径流预测的方差贡献率分别为 44.3%、35.4% 和 20.3%。说明在后期径流量的预测误差，主要来自自身冲击所做的贡献，其次是降水和气温的扰动对其的贡献，具体如图 11.28 所示。

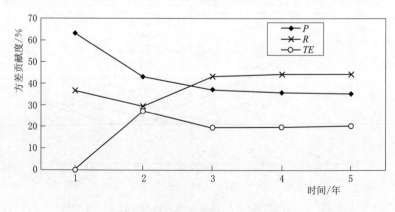

图 11.28　方差贡献度（突变后）

11.9　突变点前后的比较和分析

本节研究的突变点前时间序列长度为 1960—1990 年共 31 年，突变点后时间序列长度为 1991—2005 年共 15 年。

11.9.1 突变点前后径流脉冲响应比较

1990 年前后，径流对径流、降水和气温的脉冲响应见表 11.20。

表 11.20 径流对径流、降水和气温的脉冲响应

冲击反应期	径流		降水		气温	
	突变点前	突变点后	突变点前	突变点后	突变点前	突变点后
1	0.29	0.33	0.24	0.26	−0.08	−0.17
2	0.03	0.06	0.04	0.01	−0.01	0.10
3	0.07	−0.04	0.07	0.13	0.17	0.15
4	0.05	0.01	0.06	−0.06	0.03	−0.11
5	−0.08	−0.14	−0.09	−0.09	−0.01	0.15

由于在水文系统中径流、降水和气温变化随时在发生，分析数据的时段长为 1 年，所以冲击反应期仅分析首期，任何一个变量在其余分析期受到该年扰动后还将会发生变化。

由表 11.20 和图 11.29 可知，突变点 1990 年前，径流对径流自身的脉冲响应为 0.29，突变点后为 0.33，增加了 0.04，即突变点前当径流脉冲为 1 时，导致径流增加 29%，而突变点后当径流脉冲为 1 时，导致径流增加 33%。1990 年后，径流对自身扰动更加敏感。

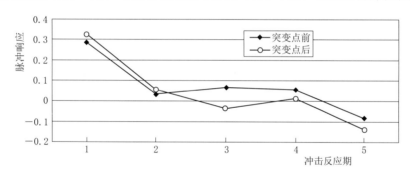

图 11.29 径流对径流的脉冲响应比较

由表 11.20 和图 11.30 可知，突变点 1990 年前，径流对降水的脉冲响应为 0.24，突变点后为 0.26，增加了 0.02。1990 年后，径流对降水波动更加敏感，但比径流对径流自身的脉冲响应增加幅度小。

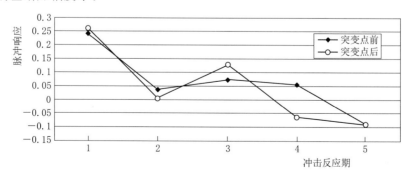

图 11.30 径流对降水的脉冲响应比较

由表 11.20 和图 11.31 可知，径流对气温的脉冲响应在首期是反向的，证实了气温的增加会对径流的增加存在反作用。就绝对值而言，突变点 1990 年前，径流对气温的脉冲响应为 0.08，突变点后为 0.17，增加了 0.09。1990 年后，径流对气温波动更加敏感，径流对三个变量变动敏感性最大的为气温。说明突变点后由于人类活动范围和强度的广泛增大增强，使得水文系统更加脆弱，系统内其余变量的扰动均使得径流的变化幅度加大，尤其气温变化对径流的影响最大。

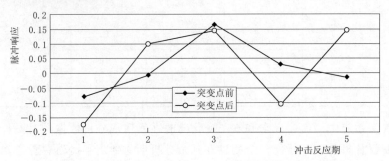

图 11.31　径流对气温的脉冲响应比较

11.9.2　突变点前后降水脉冲响应比较

1990 年前后，降水对径流、降水和气温的脉冲响应见表 11.21。

表 11.21　　　　　　　　　　降水对径流、降水和气温的脉冲响应

冲击反应期	径　流		降　水		气　温	
	突变点前	突变点后	突变点前	突变点后	突变点前	突变点后
1	0.18	0.17	0.21 (0.214)	0.21 (0.208)	−0.09	−0.04
2	−0.01	−0.03	−0.01	−0.09	0.00	0.08
3	−0.03	−0.09	−0.01	0.07	0.07	0.18
4	−0.01	0.05	−0.02	−0.02	−0.02	−0.13
5	−0.03	−0.10	−0.03	−0.09	−0.04	0.12

由表 11.21 和图 11.32 可知，突变点 1990 年前，降水对径流的脉冲响应为 0.18，突变点后为 0.17，减少了 0.01。1990 年后，降水对径流冲击的反应减弱。

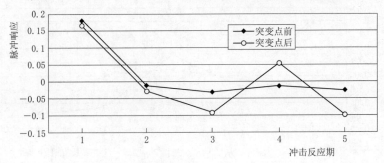

图 11.32　降水对径流的脉冲响应比较

由表 11.21 和图 11.33 可知，突变点 1990 年前，降水对降水自身的脉冲响应为 0.214，突变点后为 0.208，减少了 0.006，即突变点 1990 年后，降水对降水自身扰动的响应略有减少。

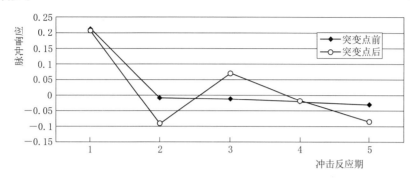

图 11.33　降水对降水的脉冲响应比较

由表 11.21 和图 11.34 可知，突变点前后，降水对气温的脉冲响应值首期均为负值，气温突变点 1990 年前，降水对气温的脉冲响应为 −0.09，突变点后为 −0.04，绝对值减少了 0.05，即突变点 1990 年后，降水对气温扰动的响应略有减少。

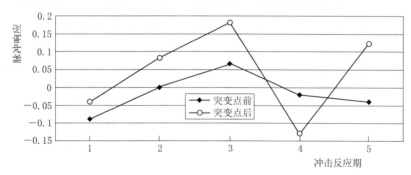

图 11.34　降水对气温的脉冲响应比较

1990 年后，降水对三个变量的脉冲响应程度均呈减弱趋势，降水对气温脉冲响应程度减弱的幅度较大，其次是对径流的脉冲响应，最小的是对降水自身的脉冲响应。

11.9.3　突变点前后气温脉冲响应比较

1990 年前后，气温对径流、降水和气温的脉冲响应见表 11.22。

表 11.22　　　　　　　　气温对径流、降水和气温的脉冲响应

冲击反应期	径　流		降　水		气　温	
	突变点前	突变点后	突变点前	突变点后	突变点前	突变点后
1	−0.007	−0.026	−0.010	−0.009	0.023	0.049
2	−0.010	−0.009	−0.009	0.007	0.0003	0.020
3	−0.001	−0.002	−0.004	−0.007	−0.004	0.004
4	0.002	−0.007	0.006	0.002	−0.010	0.017
5	0.002	0.006	0.001	0.006	0.003	−0.005

由表 11.22 和图 11.35 可知，气温对径流的脉冲响应在首期是反向的，说明了径流的增加对气温的增加存在反作用。就绝对值而言，突变点 1990 年前，气温对径流的脉冲响应为 0.007，突变点后为 0.026，增加了 0.019。1990 年后，气温对径流波动更加敏感。

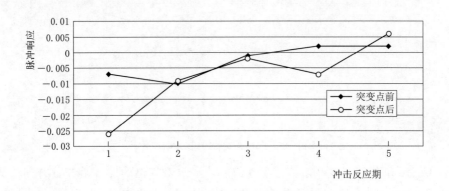

图 11.35　气温对径流的脉冲响应比较

由表 11.22 和图 11.36 可知，突变点前后，气温对降水的脉冲响应值首期均为负值，气温突变点 1990 年前，气温对降水的脉冲响应为 −0.010，突变点后为 −0.009，绝对值减少了 0.001，即突变点 1990 年后，气温对降水扰动的响应略有减少。

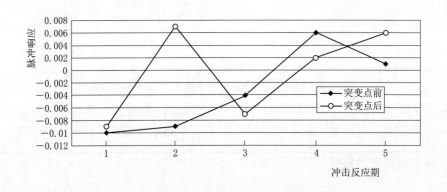

图 11.36　气温对降水的脉冲响应比较

由表 11.22 和图 11.37 可知，突变点 1990 年前，气温对气温自身的脉冲响应为 0.023，突变点后为 0.049，增加了 0.026，即突变点 1990 年后，气温对气温自身扰动的响应有所增加。

1990 年后，气温对三个变量的脉冲响应程度变化方向有所不同，气温对径流脉冲和气温对气温脉冲的响应程度均增大，前者的增大幅度小于后者的增大幅度，气温对降水的脉冲响应程度略有减少。

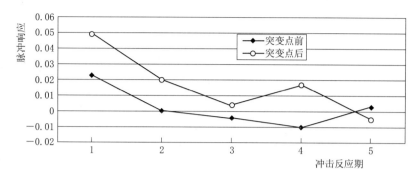

图 11.37　气温对气温的脉冲响应比较

第12章

渭河流域中游气温、 降水和径流小波分析

第 11 章运用脉冲响应理论，分析了渭河流域中游径流、降水和气温三个变量内部结构的互动影响，考虑三个变量每一个变量作为因变量时，来自其他变量包括因变量自身的滞后值的一个标准差的随机扰动所产生的影响，以及其影响的路径变化。采用方差分解理论将径流预测方差分解为自身和系统内其他变量作用的结果，以解释径流变化的原因，分析径流与其他两个变量之间的相互作用关系。但是脉冲响应没有解决各个变量的周期变化问题，本章运用小波变换理论分析气温、降水和径流的时频结构，以进一步了解水文情势演变规律。

12.1 小波变换理论

傅里叶（Fourier）分析是将空间 $L^2(R)$ 上的函数 $f(t)$ 用规范正交的三角函数基来表示或逼近，仅描述了信号的频率特征，丢失了信号在时域中的信息。傅里叶分析是处理平稳信号的有力工具。在某一很小的时段上信号发生了突变，傅里叶变换反映不出信号突变的位置，时域上平滑性好的信号，局部性较差，在频域上却有较好的局部性，而在时域上局部性明显的信号，如突变信号，在频域上局部性却很差。所以无法用傅里叶变换同时描述和定位信号在时间和频率上的突变部分。

1910 年，Haar 提出了不同于傅里叶级数的另一种函数系——Haar 系表示函数 $f(t)$，它是第一个正交小波基。20 世纪 80 年代初，法国地质学家 Morlet 首先提出了小波分析的概念，小波分析属于时频分析，传统的信号分析是建立在傅里叶变换基础之上的，由于傅里叶分析使用的是一种全局变换，要么完全在时域，要么完全在频域，因此无法表述信号的时频局域性质，而这种性质恰恰是非平稳信号最根本和最关键的性质，小波分析可以克服傅里叶分析应用上的局限性。Meyer 证明了一维小波基的存在性，Mallat 与 Meyer 提出了多分辨分析的框架，Daubechies 构造了具有紧支撑的有限光滑小波函数，Mallat 在多分辨分析的基础上构造了小波基系数的 Mallat 算法，小波分析的理论框架基本成熟。

用小波分析可以把傅里叶分析不能分析出来的很弱的信号分析出来。小波变换是一种信号的时间尺度分析方法，具有多分辨率分析（multiresolution analysis）的特点，而且在时频域都具有表征信号局域特征的能力，是一种窗口大小固定不变但其形状可改变，时间窗和频率窗都可以改变的时频局部化分析方法。即在低频部分具有较高的频率分辨率和较低的时间分辨率，在高频部分具有较高的时间分辨率和较低的频率分辨率。正是这种特

性，使小波变换具有对信号的自适应性，被誉为"数学显微镜"，很适合于探测正常信号中夹带的瞬态反常现象并展示其成分。小波分析理论已广泛地应用于各个学科领域，如信号处理、图像处理、量子场论、地震勘探、语音识别与合成、音乐、雷达、CT 成像、彩色复印、流体湍流、天体识别、机器视觉、机械故障诊断与监控、分形以及数字电视等科技领域。原则上讲，传统上使用傅里叶分析的地方，都可以用小波分析。

12.1.1　小波变换的基本原理

小波变换（wavelet transform）是 20 世纪 80 年代后期发展起来的应用数学分支，小波就是在较短的时间区间上有振荡的波，用来表示小波的函数，称为小波函数，记为 $\psi(t)$。

将任意 $L^2(R)$ 空间中的函数 $f(t)$ 在小波基下展开，称这种展开为函数 $f(t)$ 的连续小波变换（continuous wavelet transform，CWT），其表达式为

$$WT_f(a,b) = \frac{1}{\sqrt{|a|}} \int_{-\infty}^{+\infty} f(t)\psi^*\left(\frac{t-b}{a}\right)\mathrm{d}t \tag{12.1}$$

式中　　$WT_f(a,b)$ —— $f(t)$ 的小波变换；

$\quad\quad\quad\psi^*(t)$ ——基本小波或母小波（mother wavelet）函数 $\psi(t)$ 的共轭函数；

$\quad\quad\quad a$ ——时间尺度；

$\quad\quad\quad b$ ——位移。

式（12.1）中不但 t 是连续变量，a 和 b 也是连续变量，因此该式称为连续小波变换。

小波变换和傅里叶变换一样，也是一种积分变换。但小波变换不同于傅里叶变换的是，小波基具有尺度 a 和平移 b 两个参数，所以函数一经小波变换，就是将一个时间函数投影到二维的时间尺度相平面上，这样有利于提取信号函数的某些本质特征。

若采用的小波满足容许条件（admission condition），则连续小波变换存在逆变换，任何变换都必须存在逆变换才有实际意义。容许性条件为

$$c_\psi = \int_{-\infty}^{+\infty} \frac{|\psi(\omega)|^2}{\omega}\mathrm{d}\omega < +\infty \tag{12.2}$$

当满足上述条件时，才能由小波变换 $WT_f(a,b)$ 反演源函数 $f(t)$。逆变换为

$$f(t) = \frac{1}{c_\psi} \int_0^{+\infty} \frac{\mathrm{d}a}{a^2} \int WT_f(a,b)\psi_{ab}(t)\mathrm{d}b$$

$$= \frac{1}{c_\psi} \int_0^{+\infty} \frac{\mathrm{d}a}{a^2} \int WT_f(a,b)\frac{1}{\sqrt{|a|}}\psi\left(\frac{t-b}{a}\right)\mathrm{d}b \tag{12.3}$$

满足容许性条件的 $\psi(t)$ 便可以用作基本小波，但实际上对基本小波的要求往往不局限于满足容许条件，对 $\psi(t)$ 还要求满足"正则性条件"（regularity condition），使 $\psi(\omega)$ 在频域上表现出较好的局域性能。为了在频域上有较好的局域性，要求 $|WT_f(a,b)|$ 随 a 的减小而迅速减小，这就要求 $\psi(t)$ 的前 n 阶原点矩为 0，且 n 值越高越好，即

$$\int t^p \psi(t)\mathrm{d}t = 0, \qquad p = 1 \sim n,且 n 值越大越好 \tag{12.4}$$

此要求的相应频域表示为：$\psi(\omega)$ 在 $\omega = 0$ 处有高阶零点，且阶次越高越好，即

$$\psi(\omega) = \omega^{n+1}\psi_0(\omega), \psi_0(\omega = 0) \neq 0, n 越大越好 \tag{12.5}$$

式 (12.4) 和式 (12.5) 称为正则性条件。

将 b 域上的所有小波系数的平方积分，即为小波方差

$$W_f(a) = \int_{-\infty}^{\infty} \frac{|W_f(a,b)|^2}{a^2}\mathrm{d}b \tag{12.6}$$

式中 $W_f(a)$ ——小波方差；

$W_f(a,b)$ ——小波系数。

小波方差随尺度 a 的变化过程称为小波方差图，反映了时间序列波动的能量随尺度的分布，能量显著对应的尺度即是给定时间序列存在的主要周期成分。

因此，通过小波方差可以确定一个时间序列中存在的主要时间尺度，可用它来分析降水、气温、径流等时间序列变化的主要周期。

应用小波变换代替功率谱，分析序列的主要变化——周期变化，主要是利用小波变换时频分析的局部优化性质，更加准确地确定序列的变化周期。

12.1.2　几种常用的基本小波

小波函数具有多样性，不具有唯一性。

1. Haar 小波

Haar 函数是小波分析中最早用到的一个具有紧支撑的正交小波函数，也是最简单的一个小波函数，它是支撑域在 $t \in [0,1]$ 范围内的单个矩形波，函数式为

$$\psi(t) = \begin{cases} 1, & t \in \left[0, \dfrac{1}{2}\right) \\ -1, & t \in \left[\dfrac{1}{2}, 1\right) \\ 0, & 其他 \end{cases} \tag{12.7}$$

2. Daubechies(db$N$) 小波

Daubechies 小波是由世界著名的小波分析学者 Inrid Daubechies 构造的小波函数，一般简写成 db$N$，N 是小波的阶数。db$N$ 没有明确的表达式（$N=1$ 除外）。

3. Mexican Hat(mexh) 小波

Mexican Hat 函数为高斯函数的二阶导数，形状像墨西哥帽的截面，所以称为墨西哥帽函数。

$$\psi(t) = (1 - t^2)\mathrm{e}^{-\frac{t^2}{2}} \tag{12.8}$$

$$\psi(w) = \sqrt{2\pi} w^2 \mathrm{e}^{-\frac{w^2}{2}} \tag{12.9}$$

墨西哥帽函数在时间域和频率均具有很好的局部化，并且满足 $\int_{\mathbf{R}} \psi(t)\mathrm{d}t = 0$。由于它不存在尺度函数，所以该小波不具有正交性。

4. Morlet 小波

Morlet 小波是高斯包络下的单频率复正弦函数，没有尺度函数，而且是非正交分解。

$$\psi(t) = C e^{-\frac{t^2}{2}} \cos(5t) \tag{12.10}$$

式中　C——重构时的归一化常数。

5. Meyer 小波

Meyer 小波是在频域上具有紧支集的正交小波，函数频率域定义如下

$$\psi(w) = \begin{cases} \dfrac{1}{\sqrt{2\pi}} \sin\left[\dfrac{\pi}{2}\nu\left(\dfrac{3}{2\pi}|w|-1\right)\right] e^{iw/2}, & \dfrac{2\pi}{3} \leqslant |w| \leqslant \dfrac{4\pi}{3} \\[2mm] \dfrac{1}{\sqrt{2\pi}} \cos\left[\dfrac{\pi}{2}\nu\left(\dfrac{3}{4\pi}|w|-1\right)\right] e^{iw/2}, & \dfrac{4\pi}{3} \leqslant |w| \leqslant \dfrac{8\pi}{3} \\[2mm] 0, & |w| \notin \left[\dfrac{2\pi}{3}, \dfrac{8\pi}{3}\right] \end{cases} \tag{12.11}$$

式中　$\nu(a)$——辅助函数，根据不同情况采用不同的形式。

$$\nu(a) = \begin{cases} 0, & a \leqslant 0 \\ a^4(35-84a+70a^2-20a^3), & 0 < a < 1 \\ 1, & a \geqslant 1 \end{cases} \tag{12.12}$$

$$\phi(w) = \begin{cases} (2\pi)^{-\frac{1}{2}}, & |w| \leqslant \dfrac{2\pi}{3} \\[2mm] (2\pi)^{-\frac{1}{2}} \cos\left[\dfrac{\pi}{2}\nu\left(\dfrac{3}{2\pi}|w|-1\right)\right], & \dfrac{2\pi}{3} \leqslant |w| \leqslant \dfrac{4\pi}{3} \\[2mm] 0, & |w| > \dfrac{4\pi}{3} \end{cases} \tag{12.13}$$

另外还有 Symlet（symN）小波、Marr 小波、DOG（difference of gaussian）小波、Coiflet（CoifN）小波和样条小波（spline wavelet）等。

复值小波的连续小波变换，其实部和虚部分别可以作为两个小波函数对待，其实部用来判别信号不同时空尺度的结构及其突变点的位置，其虚部则是一个反对称的小波函数。复数形式的小波在应用中有比实数形式的小波更多的优点。由于它的实部和虚部相位相差 $\dfrac{\pi}{2}$，可以消除实数形式的小波变换系数模的振荡，它可以将小波变换系数的模和相位分离开来，模代表能量密度，说明某一尺度成分的多少，相位可以用来研究信号的奇异性和即时频率，而实数形式的小波函数则是将小波变换系数的模和相位包含在一起。

最普遍使用的复值小波是 Morlet 小波，Morlet 小波在复值小波中的地位正如 Marr 小波在实值小波中的地位，也是应用得十分广泛的，其母函数为

$$\psi(t) = \left(e^{-\frac{t^2}{2}} - \sqrt{2}\, e^{-\frac{w_0^2}{4}} e^{-t^2}\right) e^{jw_0 t} \tag{12.14}$$

这是一个相当常用的小波，是经高斯函数平滑而得到的谐波。因为它的时频两域的局部性能都比较好（虽然严格地说它并不是有限支撑的），它也不满足容许条件，不过实际工作时，当 ω_0 取较大值时（$\omega_0 \geqslant 5$），便近似满足条件，上式中的第二项远远小于第一项，省略第二项将不会影响分辨结果的可靠性，则上式简化为

$$\psi(t) = \mathrm{e}^{-\frac{t^2}{2}} \mathrm{e}^{\mathrm{j}\omega_0 t} \tag{12.15}$$

设伸缩因子为 a，平移因子为 b，则小波变换的母小波函数定义为

$$\psi_{a,b}(t) = \frac{1}{\sqrt{|a|}} \psi\left(\frac{t-b}{a}\right) \tag{12.16}$$

小波分析在工程应用中，一个十分重要的问题是最优小波基的选择问题，因为用不同的小波基分析同一个问题会产生不同的结果。目前，主要是通过用小波分析方法处理信号的结果与理论结果的误差来判定小波基的优劣，由此决定小波基。

12.1.3　气象水文时间序列小波变换

气象水文时间序列的变化不存在真正意义上的周期性，而是时而以这种周期变化，时而以另一周期变化，并且同一时段中又包含各种时间尺度的周期变化，在时域中存在多层次时间尺度结构和局部化特征。传统的傅里叶分析不能分析出这一特征，而小波分析方法能克服这一缺点，它可以通过伸缩和平移等运算功能对函数或信号序列进行多尺度细化分析，研究不同周期随时间的演变情况。

采用 Morlet 复值小波对渭河流域中游气温、降水和径流进行连续小波变换，可以得到小波变换系数的实部、虚部、模、模平方、相位等信息，通过分析这些信息，能够揭示气象水文时间序列的多时间尺度结构。

12.2　气温小波分析

本章主要分析渭河流域中游气温、降水和径流这三个气象水文要素的时频结构。采用与第 7～10 章相同的资料，即 1960—2005 年共 46 年气温、降水和径流资料，进行渭河流域中游气温、降水和径流的周期性分析。

12.2.1　气温小波方差

通过小波方差进行气温序列变化的周期分析，利用小波方差的计算式（12.6），计算各时间尺度对应的小波方差，据此可以确定气温时间序列中存在的主要周期，小波方差如图 12.1 所示。图中有 3 个峰值，分别对应 2 年、6 年、17 年的时间尺度，第一峰值是 2 年尺度对应的小波方差，说明 2 年左右的周期振荡最强，为第一主周期，第二和第三主周期依次为 6 年和 17 年。

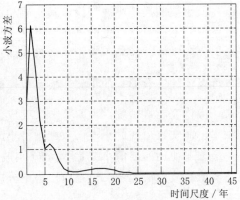

图 12.1　气温小波方差

12.2.2　小波变换的实部

小波系数的实部包含着给定时间和尺度信号相对于其他时间和尺度信号的强度和相位

两方面的信息。Morlet 小波的实部本身也是一个对称的小波函数，它可以看作一个平滑函数的三阶导数。

小波系数并不是真正的气温值，两者存在正相关关系，某一时间尺度的正小波系数与该时间尺度下气温变化的高温期相对应，图中用实线绘出，而负小波系数与低温期相对应，图中用虚线绘出，正值中心对应高温中心，负值中心对应低温中心。从小波系数的实部可以看出不同尺度下的高低温相位结构，即不同的时间尺度所对应的气温高低变化是不同的。小尺度的高温低温变化则表现为嵌套在较大尺度下的较为复杂的高低温变化结构。

从图 12.2 可分析出气温存在明显的年际变化和年代际变化，随着伸缩尺度 a 的增大（即分辨率的减小），不同尺度振荡的小波变换部分被分离开来。从上至下可分析得出气温存在 15～25 年、5～10 年及 5 年以下尺度的周期变化，周期中心分别为 17 年、6 年、2 年，以下用气温高低温期中心分析周期变化，其结论更具体明确。

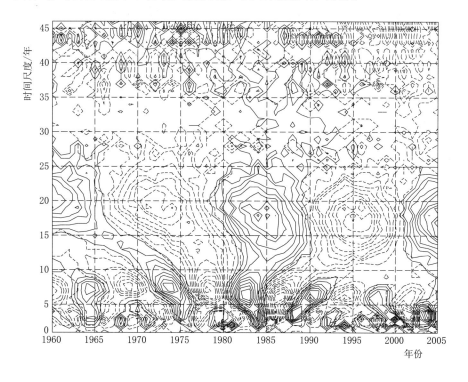

图 12.2 气温 Morlet 小波变换系数实部

从较大尺度 15～25 年分析，20 世纪 80 年代以前，周期中心为 20 年，1966 年以前气温偏高，1967—1977 年气温偏低，80 年代以后，周期中心下移，转变为以 17 年为中心。以 17 年周期分析，气温变化出现高低交替的准 2 次振荡，对应于这种大尺度的高低温交替，渭河下游温度变化表现出了明显的突变特征，具体表现为 1980—1990 年气温偏高，1991—2000 年气温偏低，2001—2005 年气温偏高，直到 2005 年等值线仍未闭合，2005 年以后一段时间气温仍将处于偏高期。

从 6 年尺度分析，气温存在偏高、偏低的周期振荡，具体为 1960—1961 年气温偏低，1962—1966 年气温偏高，1967—1972 年气温偏低，1973—1976 年气温偏高，1977—1980 年气温偏低，1981—1984 年气温偏高，1985—1988 年气温偏低，1989—1992 年气温偏高，1993—1996 年气温偏低，1997—1999 年气温偏高，2000—2003 年气温偏低，2004—2005 年气温偏高。

大尺度下的一个丰期（或枯期），包含小尺度下的若干个丰枯期。

对应于 10 年以下较小尺度的径流变化，较为明显的周期还有 2 年尺度的年际变化，对于小尺度而言，气温高低交替更加频繁，气温突变点增多。不同时间尺度下，气温突变点个数、时间、位置都有所不同，气温突变点应针对具体时间尺度来讨论。

12.2.3　气温小波变换系数模

小波变换系数的模值表示能量密度，模值图把各种时间尺度的周期变化在时间域中的分布情况展示出来，小波变换系数的模值越大，表明其所对应的时段和尺度的周期性越明显。

从图 12.3 可以看出，15～20 年、5～10 年和 5 年以下尺度的小波变换模值较大，说明这几个周期变化最明显。15～20 年尺度的周期性具有全局性，在整个分析期能量密度均较大，只是周期中心由 20 世纪 80 年代前的 20 年转变为 16 年；5～10 年尺度的周期变化在 1970—1990 年表现较强；5 年尺度以下的周期变化在 2000 年以后表现较强。

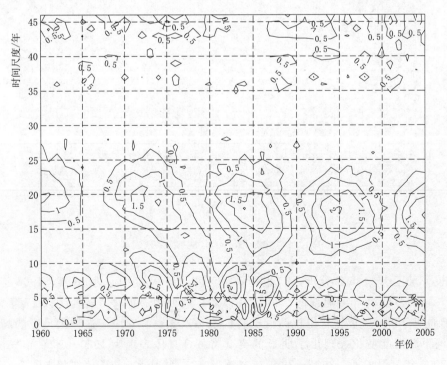

图 12.3　气温 Morlet 小波变换系数模

12.2.4 气温小波变换系数模平方

小波系数模的大小不代表各种周期变化成分能量的大小，这与傅里叶分析是完全不同的，某一尺度的周期信号，其模值虽然很大，但实际上这些信号对整个原始信号的方差贡献很小，小波系数的模平方相当于小波能量谱，所以从小波系数模平方图可分析出不同周期的振荡能量，能量谱的分析比小波系数模的分析更全面客观，小波系数模不能直接用于能量的对比分析，而能量谱的结果则可以直接比较不同时间尺度振荡的强弱。

从图 12.4 可以看出，气温序列 15～20 年尺度的周期非常显著，占据整个时段，气温序列小波能量最强的时段为 20 世纪 80 年代以后；5～10 年尺度的周期也比较显著，但这一尺度的气温周期变化具有局部化的特征，主要表现在 1975—1990 年；5 年以下尺度的气温周期变化在 2000 年以后开始变强；其他尺度的气温周期变化都较弱。

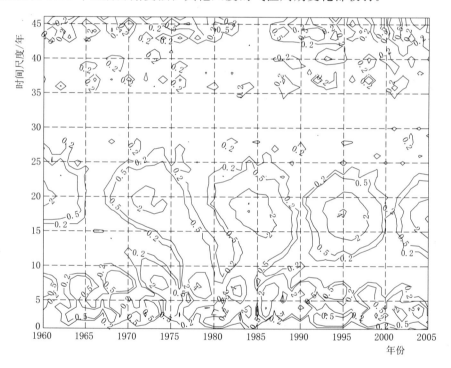

图 12.4　气温 Morlet 小波变换系数模平方

12.2.5 基于主周期的气温变化趋势预测

根据小波方差检验出的主要周期，可绘出主要周期的小波系数图，各尺度下的气温序列小波系数如图 12.5 所示。从图中可分析出各主要时间尺度下气温高低变化的趋势，气温序列 17 年尺度的周期变化基本属于全局性的；6 年尺度的气温周期变化在 20 世纪 80—90 年代振幅较强，其余年份振幅稍弱；2 年尺度的气温周期变化基本属于全局性的，1985—1990 年表现稍弱，其他时间表现较强，与气温序列小波系数模平方分析得到的结论一致。

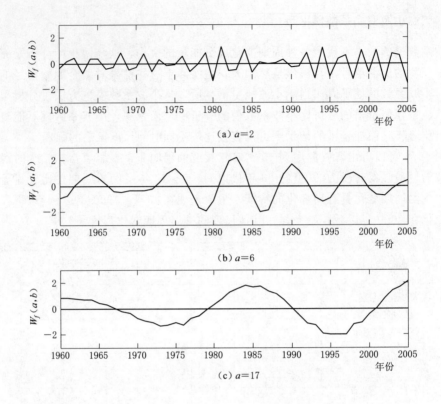

（a）$a=2$

（b）$a=6$

（c）$a=17$

图 12.5　气温小波系数图

12.3　降水小波分析

12.3.1　降水小波方差

　　计算各时间尺度对应的降水序列小波方差，据此可以确定降水时间序列中存在的主要周期，降水序列小波方差如图12.6所示。图中有 2 个峰值，分别对应 3 年和 34 年的时间尺度，第一峰值是 3 年尺度对应的小波方差，说明 3 年左右的周期振荡最强，为第一主周期，第二主周期34 年。

12.3.2　降水小波变换的实部

　　与气温小波变换实部一样，降水序列小波系数并不是真正的降水量，两者存在

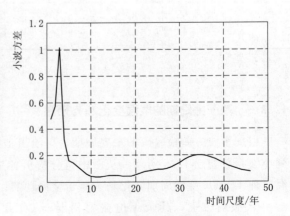

图 12.6　降水小波方差

正相关关系，某一时间尺度的正小波系数与该时间尺度下降水量变化的多雨期相对应，图中用实线绘出，而负小波系数与少雨期相对应，图中用虚线绘出。从降水序列小波系数的实部可以看出不同尺度下的丰枯相位结构，即不同的时间尺度所对应的降水丰枯变化是不同的。小尺度的丰枯变化则表现为嵌套在较大尺度下的较为复杂的丰枯结构。

从图 12.7 可分析出，降水存在明显的年际变化和年代际变化，随着伸缩尺度 a 的增大（即分辨率的减小），不同尺度振荡的小波变换部分被分离开来。结合降水小波方差的分析，从上至下可分析得出降水存在 30～40 年和 5 年以下尺度的周期变化，周期中心分别以 34 年和 3 年来分析。

从较大尺度 34 年分析，降水变化出现丰枯交替的振荡，对应于这种大尺度的丰枯交替，渭河中游降水变化表现出了明显的突变特征，具体表现为 1972 年以前偏丰，1973—1995 年偏枯，1996—2005 年偏丰，直到 2005 年等值线仍未闭合，2005 年以后一段时间降水仍将处于偏丰期。

对应于较小尺度的 3 年的降水变化，降水丰枯交替更加频繁，降水突变点增多。

大尺度下的一个丰期（或枯期），包含小尺度下的若干个丰枯期。34 年和 3 年尺度的降水周期变化在整个分析时段均表现为全域性。

从图形的上部可以看出，降水可能存在 34 年以上尺度的周期变化，但周期中心不明显，随着降水资料序列的积累和延长，可以分析出更大尺度的周期变化。

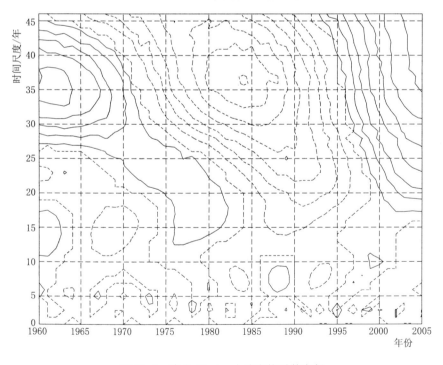

图 12.7　降水 Morlet 小波变换系数实部

12.3.3　降水小波变换系数模

降水序列小波变换系数的模值表示降水的能量密度，模值图把各种时间尺度的降水序列周期变化在时间域中的分布情况展示出来，降水序列小波变换系数的模值越大，表明其所对应的时段和尺度的降水周期性越明显。

从图 12.8 可看出，30～40 年尺度的降水序列小波变换模值较大，说明 30～40 年降水周期变化最明显，其次是 5 年以下尺度的降水周期变化。

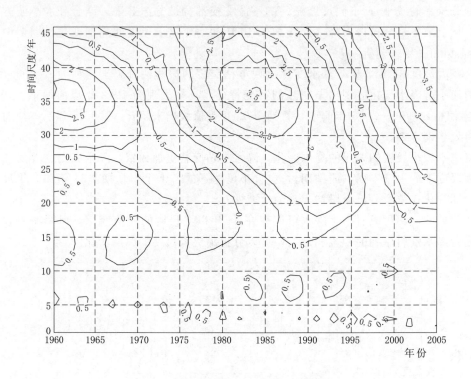

图 12.8　降水 Morlet 小波变换系数模

12.3.4　降水小波变换系数模平方

降水序列小波系数的模平方即降水序列的小波能量谱，能量谱如图 12.9 所示。从图 12.9 可看出，30～40 年尺度的周期非常显著，占据整个时段，能量最强，其次是 5 年以下尺度的周期变化。其他尺度的周期变化都较弱，能量较低。40 年以上尺度的周期能量在 2000 年之后开始有所表现。

12.3.5　基于主周期的降水变化趋势预测

根据小波方差检验出的降水序列的主要周期，可绘出降水主要周期的小波系数图，各尺度下的降水小波系数如图 12.10 所示。从图中可分析出各主要时间尺度下降水丰枯变化的趋势，3 年和 34 年尺度的降水周期变化基本属于全局性的，3 年尺度的降水周期变化在 20 世纪 90 年代振幅较强，34 年尺度的降水周期变化呈现出一条完美的余弦曲线，在各个年代表现一致。

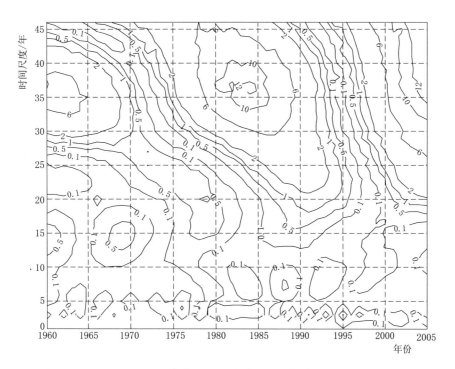

图 12.9　降水 Morlet 小波变换系数模平方

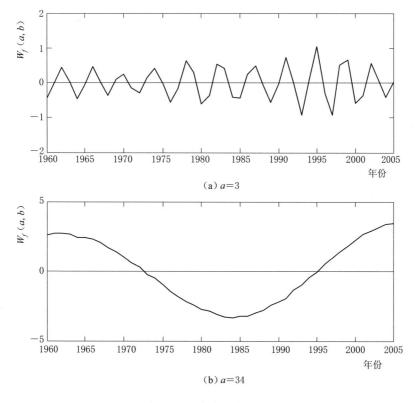

（a）$a=3$

（b）$a=34$

图 12.10　降水小波系数图

12.4　径流小波分析

12.4.1　径流小波方差

　　为确定径流序列变化的主要周期，计算各时间尺度下的径流小波方差，如图 12.11 所示。图中有 3 个峰值，分别对应 2 年、6 年、16 年的时间尺度，第一峰值是 2 年尺度对应的小波方差，说明 2 年左右的周期振荡最强，为第一主周期，第二和第三主周期依次为 6 年和 16 年。

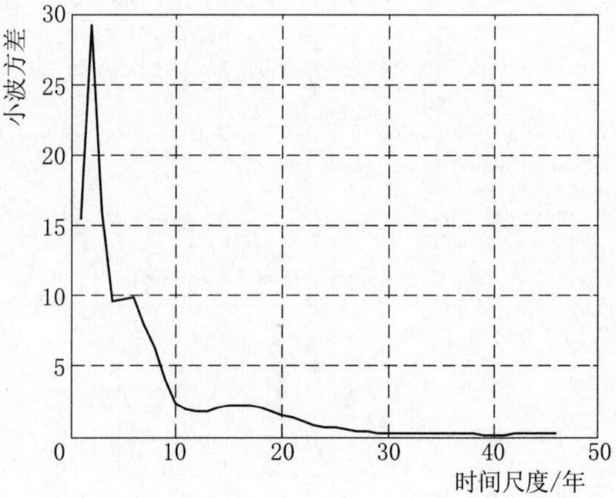

12.4.2　径流小波变换的实部

　　径流序列小波系数虽然不是真正的径流量值，但两者存在正相关关系，某一时间尺度的正小波系数与该时间尺度下径流量变化的丰水期相对应，图中用实线绘出，而负小波系数与枯水期相对应，图中用虚线绘出，正值中心对应丰水中心，负值中心对应枯水中心。从小波系数的实部可以看出不同尺度下的丰枯相位结构，即不同的时间尺度所对应的径流丰枯变化是不同的。小尺度的丰枯变化则表现为嵌套在较大尺度下的较为复杂的丰枯结构。

　　从图 12.12 可分析出，径流存在明显的年际变化和年代际变化，随着伸缩尺度 a 的增

图 12.11　径流小波方差

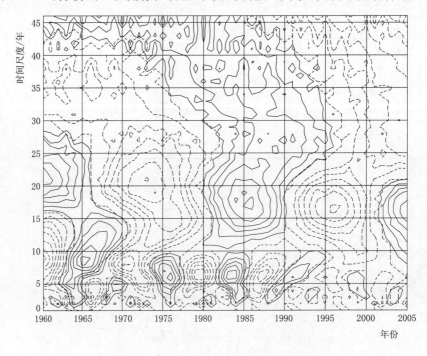

图 12.12　径流 Morlet 小波变换系数实部

大（即分辨率的减小），不同尺度振荡的小波变换部分被分离开来。从上至下可分析得出径流存在 20～25 年、15～20 年、5～15 年及 5 年以下尺度的周期变化，周期中心分别为 21 年、16 年、9 年、6 年，以下用丰枯期中心分析周期变化，其结论更具体明确，并可与后面的相位分析结论一致。

从较大尺度 21 年分析，径流变化出现丰枯交替的准 2 次振荡，对应于这种大尺度的丰枯交替，渭河流域中游径流变化表现出了明显的突变特征，具体表现为 1966 年以前偏丰，1967—1979 年偏枯，1980—1990 年偏丰，1991—2000 年偏枯，2001—2005 年偏丰，直到 2005 年等值线仍未闭合，2005 年以后一段时间仍将处于偏丰期。

从 16 年尺度分析，径流出现准 2 次振荡，具体表现为 1969 年以前偏丰，1970—1980 年偏枯，1981—1990 年偏丰，1991—2000 年偏枯，2001—2005 年偏丰，而且这一偏丰曲线直到 2005 年仍未闭合，与 21 年尺度的变化一样，2005 年以后一段时间仍将处于偏丰期。

21 年和 16 年尺度的周期变化在整个分析时段均表现为局域性，21 年尺度的周期变化主要活跃在 20 世纪 60—80 年代，16 年尺度的周期变化主要活跃在 1980—2005 年。

9 年尺度的周期变化也具有局域性，主要在 20 世纪 60 年代表现活跃，存在负、正、负的周期振荡，具体为 1960—1962 年偏枯，1963—1968 年偏丰，1969 年之后，周期中心下移，转变为以 6 年尺度为主的周期变化，具体表现为 1969—1970 年偏丰，1971—1973 年偏枯，1974—1977 年偏丰，1978—1981 年偏枯，1982—1985 年偏丰，1986—1989 年偏枯，1990—1993 年偏丰，1994—1996 年偏枯，1997—2000 年偏丰，2001—2004 年偏枯，2005 年偏丰。

大尺度下的一个丰期（或枯期），包含小尺度下的若干个丰枯期。

对应于 10 年以下较小尺度的径流变化，较为明显的周期还有 2 年尺度的年际变化，对于小尺度而言，径流丰枯交替更加频繁，径流突变点增多。不同时间尺度下，径流突变点个数、时间、位置都有所不同，径流突变点应针对具体时间尺度来讨论。

从图形的上部可以看出，径流可能存在 30 年以上尺度的周期变化，但周期中心不明显，随着径流资料序列的积累和延长，可以分析出更大尺度的周期变化。

12.4.3 径流小波变换系数模

径流序列小波变换系数的模值表示径流能量密度，径流序列小波变换系数模值图把各种时间尺度的径流周期变化在时间域中的分布情况展示出来，径流序列小波变换系数的模值越大，表明其所对应的时段和尺度的径流周期性越明显，如图 12.13 所示。

从图 12.13 可看出，40 年以上、15～25 年、5～10 年尺度的小波变换模值较大，说明这几个周期的径流变化最明显，其次是 10 年以下尺度的径流周期变化。但 40 年以上的径流周期仅在分析期末开始有所表现，就现有数据这一周期还不能得到清晰的结论。

12.4.4 径流小波变换系数模平方

径流序列小波系数模平方如图 12.14 所示，该图即径流序列小波能量谱，从小波系数模平方图可分析出不同径流周期的振荡能量，从径流能量谱可以直接比较不同时间尺度径流振荡的强弱。

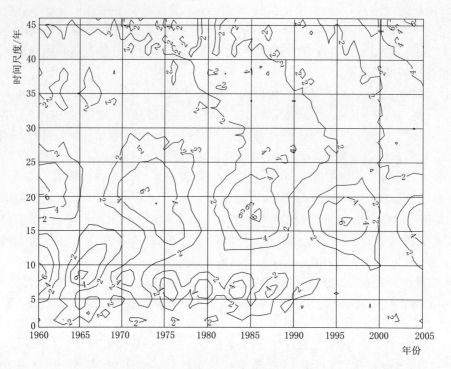

图 12.13 径流 Morlet 小波变换系数模

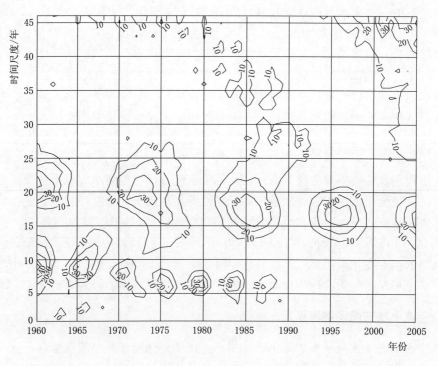

图 12.14 径流 Morlet 小波变换系数模平方

从图 12.14 可看出，15～25 年尺度的径流周期非常显著，占据整个时段，能量最强；5～10 年尺度的径流周期也比较显著，但这一尺度的径流周期变化具有局部化的特征，主要表现在 1990 年之前。其他尺度的径流周期变化都较弱，能量较低。40 年以上尺度的径流周期能量在 2000 年之后开始有所表现。根据现在资料分析 2000 年之前表现不明显。

12.4.5 基于主周期的径流变化趋势预测

根据径流小波方差检验出的主要周期，可绘出径流主要周期的小波系数图，各尺度下的径流小波系数如图 12.15 所示。从图中可分析出各主要时间尺度下径流丰枯变化的趋势，从较大时间尺度 16 年和较小尺度 6 年和 2 年的径流变化趋势看，2005 年以后一段时间径流还将处于偏丰阶段；16 年尺度的周期变化具有局域性，1970 年之前振幅较弱，1970 年之后这一尺度的周期变化增强，从小波系数模平方分析得知 1970 年之前，主要表现为 20 年尺度的周期变化，与径流小波系数模平方分析得到的结论一致。

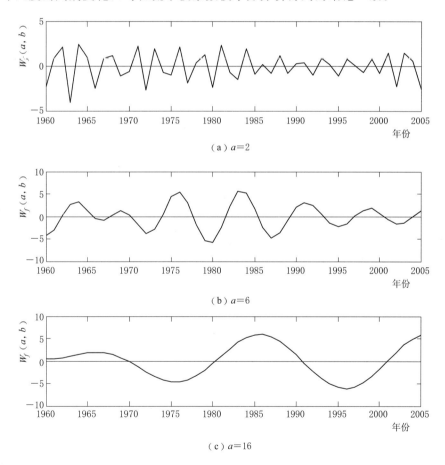

（a）$a=2$

（b）$a=6$

（c）$a=16$

图 12.15 径流小波系数图

6 年尺度和 2 年尺度的径流周期变化基本属于全局性的，6 年尺度的径流周期变化在 20 世纪 70—90 年代表现活跃，其他时间段表现稍弱。2 年尺度的径流周期变化在 1985—2000 年表现稍弱，在其他时间表现较强。

12.5　气温、降水与径流周期分析

渭河流域中游气温、降水与径流序列具有不同的周期成分，表现出不同的多时间尺度特性，各种周期成分在时域上分布是不均匀的。不同尺度的周期与天体运动、海-气相互作用有关。

1. 海-气相互作用

海洋与大气之间互相影响、互相制约、彼此适应的物理过程，如动量、热量、质量、水分的交换，以及海洋环流与大气环流之间的联系，海面风场对海洋的强迫、海洋对大气的加热作用等。

2. 厄尔尼诺/拉尼娜-南方涛动

厄尔尼诺/拉尼娜和南方涛动分别是发生在热带大气和海洋中的异常事件，它们的发生严重地影响全球各地区气候和生态等各方面的变化，会引发洪涝和旱灾。

厄尔尼诺是西班牙语"El Niño"（意为"男婴"），东太平洋渔民很早便发现每隔数年，该地的海水就会异常升温，这一带的渔民以西班牙语称呼此异常气候。因此，厄尔尼诺是指在赤道太平洋东部的南美洲西海岸冷水区海表温度发生异常升温的现象。而相反的现象称为拉尼娜"La Niña"（意为"女婴"），是指在南美洲沿岸海水温度持续下降。

厄尔尼诺-南方涛动现象（El Niño - Southern oscillation，ENSO），为厄尔尼诺现象与南方振荡两种自然现象的合称，属于一种准周期气候变化，有 2～7 年的周期，影响范围横跨赤道附近太平洋。

厄尔尼诺/拉尼娜-南方涛动事件，影响的不仅仅是赤道太平洋东部的南美洲西海岸冷水区海表温度的异常升温和降温，甚至会影响到全球各地区的气候异常。

3. 太阳黑子

太阳黑子（sunspot）是在太阳的光球层上发生的一种太阳活动，是太阳活动中最基本、最明显的。一般认为，太阳黑子实际上是太阳表面一种炽热气体的巨大漩涡，温度大约为 4500℃。因为其温度比太阳的光球层表面温度要低 1000～2000℃（光球层表面温度约为 6000℃），所以看上去像一些深暗色的斑点。太阳黑子很少单独活动，通常是成群出现。黑子的活动周期为 11.2 年，活跃时会对地球的磁场产生影响，主要是使地球南北极和赤道的大气环流做经向流动，从而造成恶劣天气，使气候转冷。

4. 太阳活动磁周期

太阳活动磁周期指太阳黑子磁场极性的转换周期。黑子具有明显的磁场，且太阳南北两半球黑子的磁极是相反的，如果北半球处在黑子群前面的先行黑子具有正磁极，那么在南半球的先行黑子则具有负磁极。但同一半球黑子的极性是相同的。它们的对应关系随着黑子 11 年周期变化而相互逆转。所以根据黑子磁场极性来划分一个太阳活动整周期不是 11 年，而是黑子 11 年周期的两倍，即 22 年，称为磁极性转换周期，简称为太阳活动磁周期。黑子的这一重要特征是 1913 年海尔（G. E. Hale）发现的，所以太阳黑子 22 年磁周期也称为"海尔周期"（Hale cycle）。

从小波方差、小波系数实部、小波系数模、模平方等方面分析可知，气温、降水和径

流时间序列的主周期有所不同，归纳于表 12.1。气温和径流的第一主周期均为 2 年，降水的第一主周期为 3 年，基本是非常接近的，因为这里的周期是概周期的概念，不是精确的周期。短时间尺度的周期变化具有一定的同步性，表明气温和降水序列在很大程度上影响着径流的变化。气温和径流的第二主周期相同，第三主周期基本相同。降水的第二主周期为 34 年。大尺度的降水和径流的周期变化同步性较差。

表 12.1   气温、降水和径流序列主周期

变量	第一主周期	第二主周期	第三主周期
气温	2	6	17
降水	3	34	
径流	2	6	16

气温、降水和径流的短周期与 ENSO 事件的 2～7 年准周期相一致，ENSO 事件、太阳黑子和太阳活动磁周期等天体运动对气象水文因素有极大的影响。

虽然气温、降水和径流之间存在着一定的相关性，但是径流的变化与降水的变化不完全相同，说明径流的形成与变化不仅归因于气温和降水量的变化，而且还与下垫面条件特别是人类活动的影响有关，人类活动是径流演变的主要动因。所以气温、降水和径流表现出的变化规律不是完全一致的。气温、降水、径流及三者关系的演变规律体现出自然和人类活动二元模式作用下的水文要素的变化。

第13章

结论与展望

13.1 结论

本书以浙江省自然科学基金项目（LY14E090007）为依托，根据渭河流域径流资料和中国气象数据网（data.cma.cn）中提供的气象数据，将线性时间序列分析方法、脉冲分析和小波理论相结合，从一个新鲜的视角，对渭河流域上游和中游气象水文序列变化特征进行研究，取得以下主要成果。

13.1.1 上游气象因子变化特征

应用距平分析法和滑动平均曲线分析渭河流域上游年气象因子的变化特征，采用时间序列趋势分析法分析了气象因子的线性拟合倾向率及春、夏、秋、冬四季的变化速率。

1. 气温变化特征

渭河流域上游 1956—2008 年多年平均气温为 13.2℃，20 世纪 50 年代（1956—1959年）、60 年代（1960—1969 年）、70 年代（1970—1979 年）、80 年代（1980—1989 年）、90 年代（1990—1999 年）、21 世纪初（2000—2008 年）年平均气温分别为 12.8℃、12.8℃、13.0℃、12.9℃、13.5℃、13.9℃。其年平均气温变差系数为 0.0445，20 世纪 50 年代至 21 世纪初的气温变差系数 C_v 值分别为 0.0256、0.0336、0.0349、0.0256、0.0443、0.0284，变差系数处于先增加后减小、又增加、又减小的变动过程，说明各年气温相对于各年代气温均值的离散程度不同。

年平均气温变化率为 0.244℃/10a，总体呈现出显著的上升趋势。年代间气温也呈现出逐渐上升的趋势，四季气温上升趋势有一定差异性，冬季气温上升趋势最为明显，气温增加速率为 0.354℃/10a；春季气温次之，气温上升速率为 0.339℃/10a；秋季气温上升速率为 0.214℃/10a；夏季气温同样呈上升趋势，上升速率相对于其他三个季节均较小，为 0.064℃/10a，上升趋势并不明显。

经 Kendall 非参数秩次相关检验法检验，信度水平 α 为 0.01 时，年平均气温呈显著上升趋势，冬季气温上升趋势最为显著，春季和秋季上升趋势较显著，而夏季呈不显著的递增趋势。

综合累积距平法、Mann-Kendall 突变检验法、滑动 T 检验法、Yamamoto 检验法，年平均气温在 1993—1994 年发生由冷到暖的突变；春季平均气温在 1993 年和 1996 年发生由冷到暖的突变；夏季平均气温在 1975 年发生由暖到冷的突变，在 1993 年发生由冷到暖的突变；秋季平均气温在 1986 年发生由冷到暖的突变；冬季平均气温在 1976 年发生由暖到冷的突变。

2. 降水变化特征

渭河流域上游 1956—2008 年多年平均降水量为 659mm；月平均降水量最大值出现在 9 月，为 116mm。年降水量年内分配主要集中在 7—9 月，这三个月的降水量共占年降水量的 53.4%。

降水量受季节性影响较大，在季节分布上，降水量的年内变化差异同样比较显著，降水主要集中在夏季，春秋次之，而冬季最少；根据 53 年降水资料统计得出，四季降水量分别占全年径流量的 21.2%、45.3%、30.3% 和 3.2%。

趋势分析显示，年平均降水量变化率为 −23.628mm/10a，总体是呈现递减趋势且其波动较为明显，春、夏、秋、冬四季降水递减速率分别为 11.078mm/10a、5.537mm/10a、8.695mm/10a、1.794mm/10a。

Kendall 非参数秩次相关检验表明，渭河流域上游年降水量递减趋势较为显著，春季降水量也呈现出显著的递减趋势；夏、秋、冬季降水的递增或递减趋势不显著。

综合四种突变检验法，判断年降水量在 1992 年发生减少的突变；春季降水量在 1991 年发生减少的突变；夏季降水量在 1962 年发生减少的突变；秋季降水量和冬季降水量由于突变特征不明显，无法准确判断突变时间。

13.1.2　上游径流变化特征

渭河流域上游径流量多年平均值为 24.38 亿 m³，年际极值比为 7.88，年径流量呈现减少趋势。四季中秋季径流量的下降趋势最为显著，春、夏、冬季径流量下降趋势也较明显。

年径流变化过程可分为以下几个阶段：1956—1963 年为平水期，1963—1970 年为丰水期，1970—1974 年为枯水期，1974—1976 年为丰水期，1976—1981 年为平水期，1981—1985 年为丰水期，1985—1990 年为平水期，1990—2000 年为枯水期。径流量的年内变化差异同样比较显著，春、夏、秋、冬四季径流量占全年径流量的比例分别为 19.0%、36.5%、34.0%、10.5%。

趋势分析表明，年径流的下降率为 3.556 亿 m³/10a，春、夏、秋、冬季径流的下降率为 0.577 亿 m³/10a、1.082 亿 m³/10a、1.593 亿 m³/10a、0.32 亿 m³/10a。经 Kendall 非参数秩次相关检验法检验，渭河流域上游年径流量下降趋势非常显著，秋季径流量的减少趋势最为显著，春、夏、冬季径流量的减少趋势较为显著。

综合四种突变检验法表明，年径流量在 1970 年、1992 年和 1993 年发生了减少的突变；春季径流量在 1991 年和 1993 年发生了减少的突变；夏季径流量在 1975 年发生了增多的突变，在 1993 年发生了减少的突变；秋季径流量在 1985 年和 1993 年发生了减少的突变；冬季径流量在 1960 年发生了增多的突变，在 1994 年发生了减少的突变。

渭河流域上游径流量与气温、降水量之间存在显著的相关性。径流量与气温之间呈显著的线性负相关。温度越高，则径流量越小；径流量与降水量之间呈显著的线性正相关，降水量越大，则径流量越大。

13.1.3 上游径流预测

利用渭河流域上游 1956—2000 年气温、降水和径流资料，建立基于 BP 神经网络的四种径流预测模型，四种模型分别为：模型一（输入为径流，输出为径流）；模型二（输入为气温、径流，输出为径流）；模型三（输入为降水、径流，输出为径流）；模型四（输入为气温、降水和径流，输出为径流）。四种模型的输出相同，均为年径流量，但输入不同。

经验证，所建立的 BP 神经网络径流预测模型预测结果均为合格，且误差较小，可应用于该流域径流预测研究中。通过最大绝对误差和相对误差的比较，四种模型中，模型四的预测精度最好，模型三次之，最后依次是模型二、模型一。

13.1.4 中游气象因子变化特征

应用距平分析法和滑动平均曲线分析渭河流域中游气象因子的变化特征，采用时间序列趋势分析法分析了气象因子的线性拟合倾向率及春、夏、秋、冬四季的变化速率。

1. 气温变化特征

1960—2005 年 46 年多年平均气温为 13.75℃，20 世纪 60 年代、70 年代、80 年代、90 年代和 2000—2005 年平均气温与多年平均值相比，距平分别－0.39℃、－0.33℃、－0.42℃、0.41℃ 和 1.21℃，气温变化逐渐由偏低转向偏高，90 年代和 2000—2005 年平均气温呈增加趋势。

气温具有一定的波动性，20 世纪 60 年代至 21 世纪初的气温变差系数 C_v 值分别为 0.0244、0.0306、0.0244、0.0506 和 0.0297。由于 2005 年以后数据没有统计，排除 21 世纪初，20 世纪 90 年代气温的变差系数最大，表明每年气温波动性增强，与全球变暖的大背景一致。

年平均气温变化线性拟合倾向率为 0.373℃/10a，数据表明渭河流域中游年平均气温总体呈上升趋势，Kendall 非参数秩次相关检验表明 0.01 显著水平下年平均气温呈显著增高趋势。

渭河流域中游春、夏、秋和冬四季气温变化速度分别为 0.565℃/10a、0.117℃/10a、0.339℃/10a 和 0.501℃/10a，春季的递增率最大，其次是冬季，夏季的递增率最小。春季和冬季的增温速率均大于全国增温速率 0.373℃/10a。Kendall 非参数秩次相关检验表明 0.01 显著水平下冬季的递增趋势最为显著，春季的增温显著性排第二位，秋季的增温显著性排第三位，冬、春和秋季气温的递增趋势均通过信度水平 α 为 0.01 的显著性检验，夏季增温趋势不显著，说明冬、春和秋三个季节的气温增加对年平均气温增加的贡献最大。

综合累积距平法、Mann - Kendall 突变检验法、滑动 T 检验法、Yamamoto 检验法，判断年平均气温突变发生在 1995 年。春季平均气温在 1993 年和 1998 年发生由冷到暖的突变；夏季气温在 1975 年发生由暖到冷的突变，在 1993 年发生由冷到暖的突变；秋季气温无法准确判断突变时间；冬季气温在 1992 年发生由暖到冷的突变。

2. 降水变化特征

20 世纪 60 年代、80 年代平均降水量分别为 47.8mm、50.8mm，均高于多年平均降水量，距平值为正值，是相对丰水年代。20 世纪 70 年代、90 年代和 2000—2005 年平均降水量分别为 45.6mm、43.0mm 和 45.7mm，均低于多年平均降水量，为相对枯水年代，距平值为负。

从 11 年滑动平均曲线分析，长期来看，降水量呈下降趋势变化，进入 90 年代，直至分析期末 2005 年，降水量进入一个较长的相对枯水期，而同期的气温却呈增加的趋势。

降水量变化线性拟合倾向率为 −0.909mm/10a，年降水量呈减少趋势。Kendall 非参数秩次相关检验法表明 0.01 显著水平下年降水量减少趋势不显著。

根据多年平均降水量分析，春、夏、秋和冬四季降水量占全年降水量的比例分别为 23.6%、38.7%、33.6% 和 4.1%，夏季降水最多，其次是秋季和春季，冬季降水最小。

春、夏、秋、冬四季降水量变化速率分别为 − 4.148mm/10a、3.988mm/10a、−4.168mm/10a 和 0.624mm/10a。春季和秋季降水呈减少趋势，夏季和冬季呈增加趋势。Kendall 非参数秩次相关检验法表明 0.01 显著水平下春季降水量递减趋势显著，夏季和冬季递增趋势不显著，秋季递减趋势不显著。

综合四种突变检验法，年降水量未发生突变，夏季降水突变时间为 1980 年，冬季降水突变时间为 1999 年，但春季和秋季降水未发生突变。

3. 风速变化特征

多年平均风速为 1.7m/s，20 世纪 60 年代、70 年代平均风速距平值为正，风速较多年平均风速偏大，90 年代风速与多年平均风速持平，其余年代距平值为负值，风速较多年平均风速偏小。

风速变化线性拟合倾向率为 −1.86(m/s)/10a，年平均风速呈降低趋势。Kendall 非参数秩次相关检验表明 0.01 显著水平下年平均风速降低趋势非常显著。

风速在春、夏、秋、冬四季风速变化趋势一致，均呈递减变化，递减率分别为 0.222(m/s)/10a、0.148(m/s)/10a、0.172(m/s)/10a 和 0.195(m/s)/10a。春季风速递减率最大，其次是冬季、秋季和夏季。四季风速递减率均通过信度水平为 0.01 的 Kendall 非参数秩次相关检验，四季风速递减趋势也非常显著。

Mann-Kendall 突变检验分析表明年平均风速未发生突变。春季、夏季、秋季和冬季平均风速突变年份均发生在 1969 年。年平均风速及四季平均风速的突变时间非常接近，均发生在 60 年代末期。

13.1.5 中游径流变化特征

应用距平分析法和滑动平均曲线分析渭河流域中游年径流的变化特征，采用时间序列趋势分析法分析了径流的线性拟合倾向率及春、夏、秋、冬四季的变化速率。

渭河流域中游多年平均径流量为 6.84 亿 m^3，年际极值比为 5.57 倍。20 世纪 60 年代、80 年代径流量距平值为正，属丰水期，其余年代距平值均为负值，属枯水期。

径流量变化线性拟合倾向率为 −0.843 亿 m^3/10a，Kendall 非参数秩次相关检验表明，信度水平 0.01 时，年径流量减少趋势显著。

春、夏、秋和冬四季径流量占全年径流量的比例分别为 19.3%、32.2%、38.6% 和 9.9%。

春、夏、秋、冬四季径流量变化趋势一致，均呈递减变化，递减率分别为 0.957 亿 m³/10a、0.387 亿 m³/10a、1.804 亿 m³/10a 和 0.256 亿 m³/10a。秋季递减率最大，其次是春季、夏季和冬季。Kendall 非参数秩次相关检验表明，信度水平 0.01 时，春季和秋季递减趋势显著，夏季和冬季递减趋势不显著。

综合四种突变检验法表明，年径流量在 1990 年和 1993 年发生了减少的突变；春季径流量在 1969 年、1971 年、1993 年和 1994 年发生了减少的突变；夏季径流量在 1993 年发生了减少的突变；秋季径流量在 1985 发生了减少的突变；冬季径流量无法准确判断突变时间。

渭河流域中游气温、降水量、风速和径流量之间存在显著的相关性关系。气温与径流量之间呈显著的线性负相关，气温越高，则径流量越小；降水量与径流量之间呈显著的线性正相关，降水量越大，则径流量越大。径流量与风速相关性较弱，没有通过显著性检验。

13.1.6　中游径流预测

用气温、降水量气候数据作为 RBF 神经网络径流预测模型的输入，渭河流域中游年径流量作为输出，建立 RBF 神经网络径流预测模型，拟合精度为 0.14%，预测精度为 5.78%，预测结果有较高的准确性，表明了 RBF 神经网络预测方法的准确性及可靠性，用于渭河流域中游径流预测的模拟效果良好，具有较好的应用前景。

13.1.7　中游气温、降水和径流脉冲响应研究

（1）单位根检验。对渭河流域中游的径流量、降水量和气温变量进行单位根检验，检验结果表明径流量、降水量和气温均为一阶单整序列。

（2）构建渭河流域中游径流突变点前后的径流量、降水量和气温之间的 VAR 模型，以分析径流量、降水量和气温时间序列变量之间的相互作用。

（3）在向量自回归的基础上，运用广义脉冲响应函数，分析了渭河流域中游径流、降水和气温变量内部结构的互动影响，通过脉冲响应函数随机扰动项的一个标准差变动来考查其对其他内生变量及其未来取值的影响。考虑径流、降水和气温三个变量每一个变量作为因变量时，来自其他变量包括因变量自身的滞后值的一个标准差的随机扰动所产生的影响，以及其影响的路径变化。

突变前径流脉冲响应：径流对自身初期有一个较强的正响应，对降水的响应次之，居第三位的是气温。径流对自身和降水的响应相差不大，而且响应路径非常相似，说明径流和降水的变化对径流的影响均较大。径流对径流和降水变量的响应大部分是正响应，少部分是负响应，径流对气温变量的响应正负相间，但路径与对径流和降水的响应路径基本相反。

突变后径流脉冲响应：突变后径流对自身初期有一个较强的正响应，对降水的响应次之，居第三位的是气温。径流对自身和降水的响应轨迹相似度与 1991 年突变前的相似度有所降低。气温脉冲对径流的影响随着时间的推移，影响程度在增加，而降水和径流自身对径流的影响程度在降低。

突变前降水脉冲响应：降水对自身初期有一个较强的正响应，降水对径流的一个标准差扰动第 1 年立刻表现出较强的正响应，降水对气温的脉冲为负响应。第 1 年降水对这三个变量的响应大小依次为降水、径流和气温，以后各年降水对这三个变量的响应程度有所不同，径流和降水脉冲对降水的影响路径非常相似，路径几近重叠。

突变后降水脉冲响应：第 1 年降水对径流、降水和气温的响应大小依次为降水、径流和气温，第 3 年以后气温脉冲对降水的影响最大，超过径流和降水自身对降水的影响。

突变前温度脉冲响应：初期气温对自身脉冲立即有正响应，对径流和降水脉冲全部为负响应；就响应绝对值而言，气温对三个变量的响应强度排序为气温、降水和径流。径流和降水的脉冲对气温的影响路径相同，影响程度略有差别，气温对自身的脉冲响应始终是最强烈的。

突变后温度脉冲响应：研究期初，气温对自身脉冲立即有正响应，对径流和降水脉冲全部为负响应；就响应绝对值而言，气温对三个变量的响应程度排序为气温、径流和降水（第 3 年除外）。气温对自身的脉冲响应始终是最强烈的。

（4）运用方差分解理论，进一步分析径流量与降水和气温两个变量之间的相互作用关系。径流量预测方差可能由自身引起，也可能由系统内降水和气温这两个变量引起，将径流量预测方差分解为自身和系统内降水和气温变量作用的结果，以发现径流量变化的原因。

突变前径流量的波动在第 1 年受到降水和自身波动冲击的影响，降水对径流预测的贡献度为 71.4%，径流自身对径流预测的贡献度为 28.6%，之后降水和径流自身的贡献度逐渐下降，气温的贡献度增加。研究期末，降水、径流和气温对径流预测的贡献度分别稳定在 49.1%、16.3% 和 34.6%，降水的影响仍起到主要作用，气温对径流的影响超过径流对其自身的影响，这是由于气温的波动直接影响降水量的波动，而径流受到降水的影响较大，因而气温通过降水间接影响到径流。研究结果表明，渭河流域中游初期径流量的预测误差主要来自降水和自身冲击所做的贡献，后期径流量的预测误差主要来自降水和气温的扰动对其的贡献。

突变后径流量的波动在第 1 年受到降水和径流自身波动冲击的影响，降水对径流预测方差的贡献为 63.3%，径流自身对径流预测方差的贡献为 36.7%，从第 2 年开始，其自身的扰动和降水的扰动逐渐下降，气温的贡献度为 27.3%，第 3 年之后，径流的扰动超过降水和气温的扰动，至研究期末第 5 年径流、降水和气温对径流预测的方差贡献率分别为 44.3%、35.4% 和 20.3%，说明在后期，径流量的预测误差主要来自自身冲击所做的贡献，其次是降水和气温的扰动对其的贡献。

13.1.8　中游气温、降水和径流小波分析

采用 Morlet 复值小波对渭河流域中游气温、降水量和径流量序列进行连续小波变换，获得小波变换系数的实部、虚部、模、模平方、小波方差等信息，通过分析这些信息，揭示气象和水文时间序列的多时间尺度结构。

气温小波方差有 3 个峰值，分别对应 2 年、6 年、17 年的时间尺度，第一峰值是 2 年尺度对应的小波方差，说明 2 年左右的周期振荡最强，为第一主周期，第二和第三主周期依次为 6 年和 17 年。

降水存在 3 年尺度的第一主周期，34 年的第二主周期。

径流存在 2 年尺度的第一主周期，6 年第二主周期和 16 年的第三主周期。

气温、降水和径流均存在大尺度的周期变化嵌套着小尺度的周期变化。气温、降水和径流时间序列周期具有一定的同步性，气温和径流的第一和第二主周期相同，第三主周期非常接近。降水的第一主周期与气温和径流的第一主周期接近，气温、降水和径流的短周期基本一致，降水的第二主周期是气温和径流第三主周期长度的 2 倍左右，这些信息均表明气温和降水在很大程度上影响着径流的变化。

13.2　展望

对于渭河流域上游和中游的径流变化趋势及预测研究还有很多不足，需要进一步深入研究。因基础资料的不足，目前主要研究的是气温和降水量对径流量的影响，没有考虑到蒸发量等其他气候因素的影响；而且也没有具体分析人为因素的影响比重，这在以后的工作中需要进一步进行分析。径流、气温、降水间的相关性分析，仅对其年数据进行分析，得出初步的结果，然而并没有充分考虑到降水、温度和径流的年内分配不均匀性，应进一步针对不同的季节或月数据做各因子间的相关性分析。研究尽管采用了四种突变检验法来对渭河流域上游和中游气温、降水、径流的数据进行突变检测，但是仍然出现了检测不一致的情况，突变检测的方法可能在一定程度上还不够完善。研究利用 BP 神经网络对径流预测的模型有一定的局限性，模型结构和参数选取都采用试错法，这需要进一步的研究。同时在以后的工作中可以尝试采用改进的 BP 神经网络算法，建立更加有效合理的径流预测模型。

河川径流过程是气候条件、人类活动与流域下垫面综合作用的产物，水文站点观测的径流过程实际上同时包含了气候变化、人类活动与下垫面等多方面的信息。气象水文要素的变化规律是一种复杂的自然现象，本研究通过时间序列趋势分析法、脉冲函数和方差分解理论、小波分析对气象水文要素进行了分析研究，但这些分析仅是从数学的角度进行，结论需从物理成因方面进行更加深刻细致的研究，探讨降水和径流量变化的物理成因，与太阳黑子、大气环流、厄尔尼诺、拉尼娜等自然现象之间的相互关系，科学地揭示气象水文要素的变化规律。另外限于资料条件，气象要素仅分析了气温和降水，后续研究中，结合蒸发、用水量等资料，将数学与物理方法相结合，揭示复杂的气象水文系统的运动规律，为水资源利用与管理提供技术支撑，开拓在水文水资源研究领域的工作。

常用统计量分布表

附表1 标准正态分布表

$\varphi(x)$	0	0.01	0.02	0.03	0.04	0.05	0.06	0.07	0.08	0.09
0	0.5	0.504	0.508	0.512	0.516	0.5199	0.5239	0.5279	0.5319	0.5359
0.1	0.5398	0.5438	0.5478	0.5517	0.5557	0.5596	0.5636	0.5675	0.5714	0.5753
0.2	0.5793	0.5832	0.5871	0.591	0.5948	0.5987	0.6026	0.6064	0.6103	0.6141
0.3	0.6179	0.6217	0.6255	0.6293	0.6331	0.6368	0.6406	0.6443	0.648	0.6517
0.4	0.6554	0.6591	0.6628	0.6664	0.67	0.6736	0.6772	0.6808	0.6844	0.6879
0.5	0.6915	0.695	0.6985	0.7019	0.7054	0.7088	0.7123	0.7157	0.719	0.7224
0.6	0.7257	0.7291	0.7324	0.7357	0.7389	0.7422	0.7454	0.7486	0.7517	0.7549
0.7	0.758	0.7611	0.7642	0.7673	0.7703	0.7734	0.7764	0.7794	0.7823	0.7852
0.8	0.7881	0.791	0.7939	0.7967	0.7995	0.8023	0.8051	0.8078	0.8106	0.8133
0.9	0.8159	0.8186	0.8212	0.8238	0.8264	0.8289	0.8315	0.834	0.8365	0.8389
1	0.8413	0.8438	0.8461	0.8485	0.8508	0.8531	0.8554	0.8577	0.8599	0.8621
1.1	0.8643	0.8665	0.8686	0.8708	0.8729	0.8749	0.877	0.879	0.881	0.883
1.2	0.8849	0.8869	0.8888	0.8907	0.8925	0.8944	0.8962	0.898	0.8997	0.9015
1.3	0.9032	0.9049	0.9066	0.9082	0.9099	0.9115	0.9131	0.9147	0.9162	0.9177
1.4	0.9192	0.9207	0.9222	0.9236	0.9251	0.9265	0.9278	0.9292	0.9306	0.9319
1.5	0.9332	0.9345	0.9357	0.937	0.9382	0.9394	0.9406	0.9418	0.943	0.9441
1.6	0.9452	0.9463	0.9474	0.9484	0.9495	0.9505	0.9515	0.9525	0.9535	0.9545
1.7	0.9554	0.9564	0.9573	0.9582	0.9591	0.9599	0.9608	0.9616	0.9625	0.9633
1.8	0.9641	0.9648	0.9656	0.9664	0.9671	0.9678	0.9686	0.9693	0.97	0.9706
1.9	0.9713	0.9719	0.9726	0.9732	0.9738	0.9744	0.975	0.9756	0.9762	0.9767
2	0.9772	0.9778	0.9783	0.9788	0.9793	0.9798	0.9803	0.9808	0.9812	0.9817
2.1	0.9821	0.9826	0.983	0.9834	0.9838	0.9842	0.9846	0.985	0.9854	0.9857
2.2	0.9861	0.9864	0.9868	0.9871	0.9874	0.9878	0.9881	0.9884	0.9887	0.989
2.3	0.9893	0.9896	0.9898	0.9901	0.9904	0.9906	0.9909	0.9911	0.9913	0.9916
2.4	0.9918	0.992	0.9922	0.9925	0.9927	0.9929	0.9931	0.9932	0.9934	0.9936
2.5	0.9938	0.994	0.9941	0.9943	0.9945	0.9946	0.9948	0.9949	0.9951	0.9952
2.6	0.9953	0.9955	0.9956	0.9957	0.9959	0.996	0.9961	0.9962	0.9963	0.9964
2.7	0.9965	0.9966	0.9967	0.9968	0.9969	0.997	0.9971	0.9972	0.9973	0.9974
2.8	0.9974	0.9975	0.9976	0.9977	0.9977	0.9978	0.9979	0.9979	0.998	0.9981
2.9	0.9981	0.9982	0.9982	0.9983	0.9984	0.9984	0.9985	0.9985	0.9986	0.9986
3	0.9987	0.999	0.9993	0.9995	0.9997	0.9998	0.9998	0.9999	0.9999	1

附表 2 $\qquad$ t 检 验 分 布 表

自由度	单边检验显著性水平 α							
	0.005	0.01	0.025	0.05	0.1	0.15	0.2	0.25
1	63.66	31.82	12.71	6.31	3.08	1.96	1.38	1.00
2	9.93	6.97	4.30	2.92	1.89	1.39	1.06	0.82
3	5.84	4.54	3.18	2.35	1.64	1.25	0.98	0.77
4	4.60	3.75	2.78	2.18	1.53	1.19	0.94	0.74
5	4.03	3.37	2.57	2.02	1.48	1.16	0.92	0.73
6	3.71	3.14	2.45	1.94	1.44	1.13	0.91	0.72
7	3.50	3.00	2.37	1.90	1.42	1.12	0.90	0.71
8	3.36	2.90	2.31	1.86	1.40	1.11	0.89	0.71
9	3.25	2.82	2.26	1.83	1.38	1.10	0.88	0.70
10	3.17	2.71	2.23	1.81	1.37	1.09	0.88	0.70
11	3.11	2.72	2.20	1.80	1.36	1.09	0.88	0.70
12	3.06	2.68	2.18	1.78	1.36	1.08	0.87	0.70
13	3.01	2.65	2.16	1.77	1.35	1.08	0.87	0.69
14	2.98	2.62	2.15	1.76	1.35	1.08	0.87	0.69
15	2.95	2.60	2.13	1.75	1.34	1.07	0.87	0.69
16	2.92	2.58	2.12	1.75	1.34	1.07	0.87	0.69
17	2.90	2.57	2.11	1.74	1.33	1.07	0.86	0.69
18	2.88	2.55	2.10	1.73	1.33	1.07	0.86	0.69
19	2.86	2.54	2.09	1.73	1.33	1.07	0.86	0.69
20	2.85	2.53	2.09	1.73	1.33	1.06	0.86	0.69
21	2.83	2.52	2.08	1.72	1.32	1.06	0.86	0.69
22	2.82	2.51	2.07	1.72	1.32	1.06	0.86	0.69
23	2.81	2.50	2.07	1.71	1.32	1.06	0.86	0.69
24	2.80	2.49	2.06	1.71	1.32	1.06	0.86	0.69
25	2.79	2.49	2.06	1.71	1.32	1.06	0.86	0.68
26	2.78	2.48	2.06	1.71	1.32	1.06	0.86	0.68
27	2.77	2.47	2.05	1.70	1.31	1.06	0.86	0.68
28	2.76	2.47	2.05	1.70	1.31	1.06	0.86	0.68
29	2.76	2.47	2.05	1.70	1.31	1.06	0.86	0.68
30	2.75	2.46	2.04	1.70	1.31	1.06	0.85	0.68
>30	2.58	2.33	1.96	1.65	1.28	1.04	0.84	0.68
自由度	0.01	0.02	0.05	0.10	0.20	0.30	0.40	0.50
	双边检验显著性水平 α							

附表 3　　　　　　　　　χ^2 分 布 表

自由度	0.995	0.990	0.975	0.950	0.900	0.500	0.100	0.050	0.025	0.010	0.005
1	0.00	0.00	0.00	0.00	0.02	0.45	2.71	3.84	5.02	6.63	7.88
2	0.01	0.02	0.05	0.10	0.21	1.39	4.61	5.99	7.38	9.21	10.60
3	0.07	0.11	0.22	0.35	0.58	2.37	6.25	7.81	9.35	11.34	12.84
4	0.21	0.30	0.48	0.71	1.06	3.36	7.78	9.49	11.14	13.28	14.86
5	0.41	0.55	0.83	1.15	1.61	4.35	9.24	11.07	12.83	15.09	16.75
6	0.68	0.55	0.83	1.15	1.06	3.36	7.78	9.49	11.14	13.28	14.86
7	0.99	1.24	1.69	2.17	2.83	6.35	12.02	14.07	16.01	18.48	20.23
8	1.34	1.65	2.18	2.73	3.49	7.34	13.36	15.51	17.53	20.09	21.96
9	1.73	2.09	2.70	3.33	4.17	8.34	14.68	16.92	19.02	21.67	23.59
10	2.16	2.56	3.25	3.94	4.87	9.34	15.99	18.31	20.48	23.21	25.19
11	2.60	3.05	3.82	4.57	5.58	10.31	17.28	19.68	21.92	24.72	26.76
12	3.07	3.57	4.40	5.23	6.30	11.34	18.55	21.03	23.34	26.22	28.30
13	3.57	4.11	5.01	5.89	7.04	12.34	19.81	22.36	24.74	27.69	29.82
14	4.07	4.66	5.63	6.57	7.79	13.34	21.06	23.68	26.12	29.41	31.32
15	4.60	5.23	6.27	7.26	8.55	14.34	22.31	25.00	27.49	30.58	32.80
16	5.14	5.81	6.91	7.96	9.31	15.34	23.54	26.30	28.85	32.00	34.27
17	5.70	6.41	7.56	8.67	10.00	16.34	24.77	27.59	30.19	33.41	35.72
18	6.26	7.01	8.23	9.39	10.87	17.34	25.99	28.87	31.53	34.81	37.16
19	6.84	7.63	8.91	10.12	11.65	18.34	27.20	30.14	32.85	36.19	38.58
20	7.43	8.26	9.59	10.85	12.44	19.38	28.41	31.41	34.17	37.57	40.00
21	8.03	8.90	10.23	11.50	13.24	20.38	29.62	32.67	35.48	38.93	41.40
22	8.64	9.54	10.98	12.34	14.04	21.34	30.81	33.92	36.78	40.29	42.80
23	9.29	10.20	11.69	13.09	14.85	22.34	32.01	35.17	38.08	44.64	44.18
24	9.89	10.86	12.40	13.85	15.66	23.34	33.20	36.42	39.36	42.98	45.56
25	10.50	11.52	13.12	14.61	16.47	24.34	34.33	37.65	40.65	44.31	46.93
26	11.16	12.20	13.84	15.38	17.29	25.34	35.56	38.89	41.92	45.64	48.29
27	11.81	12.88	14.57	16.15	18.11	26.34	36.74	40.11	43.19	46.96	49.65
28	12.46	13.57	15.31	16.93	18.94	27.34	37.92	41.34	44.46	48.28	50.99
29	13.12	14.26	16.05	17.71	19.77	28.34	39.09	43.56	45.72	49.59	52.34
30	13.79	14.95	16.79	18.49	20.60	29.34	40.26	43.77	46.98	50.89	53.67
40	20.71	22.16	24.43	26.51	29.05	39.34	51.80	55.76	59.34	63.69	66.77
50	27.99	29.71	32.36	34.76	37.69	49.33	63.17	67.50	71.42	76.15	79.49
70	43.28	45.44	48.76	51.74	55.33	69.33	85.53	90.53	95.02	100.42	104.22
100	67.33	70.06	74.22	77.93	82.36	99.33	118.50	124.34	129.56	135.81	140.17

参 考 文 献

［1］ 刘昌明. 21 世纪中国水资源若干问题的讨论 ［J］. 水利规划设计，2002 (1)：14 - 20.

［2］ 夏军，谈戈. 全球变化与水文科学新的进展与挑战 ［J］. 资源科学，2002，24 (3)：1 - 7.

［3］ Donohue R J, Roderick M L, McVicar T R. Assessing the differences in sensitivities of runoff to changes in climatic conditions across a large basin ［J］. Journal of Hydrology, 2011, 406 (3 - 4)：234 -244.

［4］ Kundzewicz Z W, Stakhiv E Z. Are climate models "ready for prime time" in water resources management applications, or is more research needed? ［J］. Hydrological Sciences Journal, 2010, 55 (7)：1085 - 1089.

［5］ 陈志恺. 中国水资源的可持续利用问题 ［J］. 水文，2003，23 (1)：1 - 5.

［6］ 安莉莉. 黄河上游河川径流特性分析及预测 ［D］. 太原：太原理工大学，2013.

［7］ 刘海江. 渭河流域水沙演变情势分析 ［D］. 西安：西安理工大学，2003.

［8］ 孙晓莉. 陕西省渭河流域水资源管理制度研究 ［D］. 西安：西安理工大学，2007.

［9］ 粟晓玲，康绍忠，魏晓妹，等. 气候变化和人类活动对渭河流域入黄径流的影响 ［J］. 西北农林科技大学学报（自然科学版），2007，35 (2)：153 - 159.

［10］ 范兰，张光辉. 黄河流域典型支流水土流失对全球气候变化的响应 ［J］. 水文，2010，30 (5)：25 -31.

［11］ Maurer E P, Adam J C, Wood A W. Climate model based consensus on the hydrologic impacts of climate change to the Rio Lempa Basin of Central America ［J］. Hydrology and Earth System Sciences, 2009, 13 (2)：183 - 194.

［12］ 夏军，Tanner T，任国玉，等. 气候变化对中国水资源影响的适应性评估与管理框架 ［J］. 气候变化研究进展，2008，4 (4)：215 - 219.

［13］ 马柱国. 黄河径流量的历史演变规律及成因 ［J］. 地球物理学报，2005，48 (6)：1270 - 1275.

［14］ 陶涛，信昆仑，刘遂庆. 全球气候变化对水资源管理影响的研究综述 ［J］. 水资源与水工程学报，2007，18 (6)：7 - 11.

［15］ 汪美华，谢强，王红亚. 未来气候变化对淮河流域径流深的影响 ［J］. 地理研究，2003，22 (1)：79 - 88.

［16］ 蓝永超，丁永建，康尔泗. 近 50 年来黑河山区汇流区温度及降水变化趋势 ［J］. 高原气象，2004，23 (5)：723 - 727.

［17］ 李林，王振宇，汪青春. 黑河上游地区气候变化对径流量的影响研究 ［J］. 地理科学，2006，26 (1)：40 - 46.

［18］ 王钧，蒙吉军. 黑河流域近 60 年来径流量变化及影响因素 ［J］. 地理科学，2008，28 (1)：83 -88.

［19］ 牛最荣，赵文智，刘进琪，等. 甘肃渭河流域气温、降水和径流变化特征及趋势研究 ［J］. 水文，2012，32 (2)：78 - 87.

[20] 李卓仑，王乃昂，李育，等．近50年来黑河出山径流对气候变化的响应 [J]．水土保持通报，2012，32（2）：7-11+16.

[21] 王亮，朱仲元，刘轩晓，等．近50年气候变化对滦河上游径流的影响 [J]．高原气象，2012，31（4）：1158-1165.

[22] 叶许春，张奇，刘健，等．鄱阳湖流域天然径流变化特征与水旱灾害 [J]．自然灾害学报，2012，21（1）：140-147.

[23] 凌红波，徐海量，张青青．新疆克里雅河源流区径流变化与气候因子关系的非线性分析 [J]．地理研究，2012，31（5）：792-802.

[24] 赵艳萍，宁娜，马金珠．白龙江流域近40a气候变化及径流的响应 [J]．节水灌溉，2012，5（1）：6-10+15.

[25] 高伟，王西琴，刘江帆．太湖流域西苕溪1955—2008年径流量突变分析 [J]．人民长江，2010，41（14）：37-40+50.

[26] 袁新田，徐光来，徐国伟．皖北地区的气温变率研究 [J]．安徽农业大学学报，2012，39（2）：292-296.

[27] Caracciolo D，Pumo D，Viola F. Budyko′sbased method for annual runoff characterization across different climatic areas：an application to United States [J]. Water Resources Management，2018，32（9）：3189-3202.

[28] 陈亚宁，徐长春，杨余辉，等．新疆水文水资源变化及对区域气候变化的响应 [J]．地理学报，2009，64（11）：1331-1341.

[29] 陈忠升，陈亚宁，徐长春．近50年来塔里木河干流年径流量变化趋势及预测 [J]．干旱区地理，2011，31（1）：43-51.

[30] Bronstert A，Niehoff D，Bürger G. Effects of climate and land-use change on storm runoff generation：present knowledge and modeling capabilities [J]. Hydrology Process，2002，16（2）：509-529.

[31] 陈军锋，李秀彬．森林植被变化对流域水文影响的争论 [J]．自然资源学报，2001，16（5）：474-480.

[32] 龙爱华，邓铭江，谢蕾，等．气候变化下新疆及咸海流域河川径流演变及适应性对策分析 [J]．干旱区地理，2012，35（3）：377-387.

[33] 梁国付，丁圣彦．气候和土地利用变化对径流变化影响研究 [J]．地理科学，2012，32（5）：635-640.

[34] 林凯荣，何艳虎，陈晓宏．土地利用变化对东江流域径流量的影响 [J]．水力发电学报，2012，31（4）：44-48.

[35] 李慧赟，张永强，王本德．基于遥感叶面积指数的水文模型定量评价植被和气候变化对径流的影响 [J]．中国科学，2012，42（8）：963-971.

[36] 祝雪萍，张弛，曹明亮，等．东北地区典型水库控制流域径流变化及驱动因子分析 [J]．大连理工大学学报，2012，52（4）：559-566.

[37] 杜鸿，夏军，曾思栋，等．淮河流域极端径流的时空变化规律及统计模拟 [J]．地理学报，2012，67（3）：398-409.

[38] 刘俊萍，朱凯，黄挺军．阿克苏河气象水文序列变化趋势分析 [J]．人民长江，2012，43（1）：105-107.

[39] 刘二佳，张晓萍，张建军，等．1956—2005年窟野河径流变化及人类活动对径流的影响分析 [J]．自然资源学报，2013，28（7）：1159-1168.

[40] Gao M，Chen X，Liu J T，et al. Regionalization of annual runoff characteristics and its indication of co‐dependence among hydro‐climate‐landscape factors in Jinghe River Basin，China [J]. Stochastic Environmental Research and Risk Assessment，2018，32（6）：1613-1630.

[41] Wang H，Stephenson S R. Quantifying the impacts of climate change and land use/cover change on runoff in the lower Connecticut River Basin [J]. Hydrological Processes，2018，32（9）：1301-1312.

[42] 王国庆，张建云，贺瑞敏. 环境变化对黄河中游汾河径流情势的影响研究 [J]. 水科学进展，2006，17（6）：853-858.

[43] 涂新军，陈晓宏，张强，等. 东江径流年内分配特征及影响因素贡献分解 [J]. 水科学进展，2012，4（2）：493-497.

[44] 邱临静，郑粉莉，尹润生.1952—2008年延河流域降水与径流的变化趋势分析 [J]. 水土保持学报，2011，25（3）：49-53.

[45] Alessia F，Renato M，Carla S，et al. Reassessment of a semi‐analytical field‐scale infiltration model through experiments under natural rainfall events [J]. Journal of Hydrologic Engineering，2018，565（10）：835-845.

[46] Mehr A D，Nourani V. Season algorithm‐multigene genetic programming：a new approach for rainfall‐runoff modelling [J]. Water Resources Management，2018，32（8）：2665-2679.

[47] Zhang Y Y，Xia J，Yu J J，et al. Simulation and assessment of urbanization impacts on runoff metrics：insights from landuse changes [J]. Journal of Hydrlolgy，2018，560（5）：247-258.

[48] Sankarasubramanian A，Vogel R M，Limbrunner J F. Climate elasticity of streamflow in the United States [J]. Water Resources Research，2001，37（6）：1771-1781.

[49] 姚允龙，王蕾，吕宪国，等. 挠力河流域河流径流量对气候变化的敏感性分析 [J]. 地理研究，2012，31（3）：409-416.

[50] Labat D，Godderis Y，Probst J L，et al. Evidence for global runoff increase related to climate warming [J]. Advances in Water Resources，2004，27（6）：631-642.

[51] Chu H B，Wei J H，Li J Y，et al. Investigation of the relationship between runoff and atmospheric oscillations，sea surface temperature，and local‐scale climate variables in the Yellow River headwaters region [J]. Hydrological Processes，2018，32（10）：1413-1448.

[52] Xie P，Wu Z Y，Sang Y F，et al. Evaluation of the significance of abrupt changes in precipitation and runoff process in China [J]. Journal of Hydrology，2018，560（5）：451-460.

[53] Wu C H，Hu B X，Huang G R，et al. Responses of runoff to historical and future climate variability over China [J]. Hydrology and Earth System Sciences，2018，22（3）：1971-1991.

[54] Hasan E，Tarhule A，Kirstetter P E，et al. Runoff sensitivity to climate change in the Nile River Basin [J]. Journal of Hydrology，2018，561（6）：312-321.

[55] 王国庆，李迷，金君良，等. 涪江流域径流变化趋势及其对气候变化的响应 [J]. 水文，2012，32（1）：22-28.

[56] 张永勇，张士锋，翟晓燕，等. 三江源区径流演变及其对气候变化的响应 [J]. 地理学报，2012，67（1）：71-82.

[57] Matondo J I，Peter G，Msibi K M. Evaluation of the impact of climate change on hydrology and water resources in Swaziland：Part Ⅱ [J]. Physics and Chemistry of the Earth，2004，29（15-18）：1193-1202.

[58] St‐Jacques J M，Andreichuk Y，Sauchyn D J，et al. Projecting Canadian prairie runoff for 2041—

2070 with North American Regional Climate Change Assessment Program（NARCCAP）Data［J］. Journal of the American Water Resources Association，2018，54（3）：660 - 675.

［59］ Tatsi A A，Zouboulis A I. A field investigation of the quantity and quality of leachate from a municipal solid waste landfill in a Mediterranean climate（Thessaloniki，Greece）［J］. Advances in Environmental Research，2002，6（3）：207 - 219.

［60］ 宋云波. 基于专家评分和回归分析的信息安全风险评估方法研究［D］. 西安：陕西师范大学，2010.

［61］ 颜声远，于晓洋，张志俭，等. 基于 RBF 网络的显示设计主观评价方法［J］. 哈尔滨工程大学学报，2007，28（10）：1150 - 1155.

［62］ Tan K R，Magill A J，Parise M E，et al. Doxycycline for malaria chemoprophylaxis and treatment：report from the CDC expert meeting on malaria chemoprophylaxis［J］. American Journal of Tropical Medicine and Hygiene，2011，84（4）：517 - 531.

［63］ 焦攀. 层次分析法在铜绿山矿区排水方案选择中的应用［J］. 露天采矿技术，2007（5）：26 - 28.

［64］ 孙峥. 城市自然灾害定量评估方法及应用［D］. 青岛：中国海洋大学，2008.

［65］ 康亚明. 基于模糊理论与层次分析法的网络学习评价［J］. 电子设计工程，2011，19（3）：113 -115.

［66］ 黄胜. 长江上游干流区径流变化规律及预测研究［D］. 成都：四川大学，2006.

［67］ 刘俊萍，田峰巍，黄强，等. 基于小波分析的黄河河川径流变化规律研究［J］. 自然科学进展，2003，13（4）：383 - 387.

［68］ 何昳颖，陈晓宏，张云，等. BP 人工神经网络在小流域径流模拟中的应用［J］. 水文，2015，35（5）：35 - 40＋96.

［69］ 刘佳，鲁帆，蒋云钟，等. RBF 神经网络在径流时间序列预测中的应用［J］. 人民黄河，2011，8（1）：52 - 54.

［70］ 李存军，邓红霞，朱兵，等. BP 神经网络预测日径流序列的数据适应性分析［J］. 四川大学学报（工程科学版），2007，2（1）：25 - 29.

［71］ 崔东文. 多隐层 BP 神经网络模型在径流预测中的应用［J］. 水文，2013，33（1）：68 - 73.

［72］ 雷晓云，张丽霞，梁新平. 基于 MATLAB 工具箱的 BP 神经网络年径流量预测模型研究——以塔城地区乌拉斯台河为例［J］. 水文，2008（1）：43 - 46.

［73］ Riad S，Mania J，Bouchaou L，et al. Rainfall - runoff model using an artificial neural network approach［J］. Mathematical and Computer Modelling，2004，40（7 - 8）：839 - 846.

［74］ Saravanan S，Manjula R. Geomorphology based semi - distributed approach for modeling rainfall - runoff modeling using GIS［J］. Aquatic Procedia，2015，4：908 - 916.

［75］ Anctil F，Tape D G. An exploration of artificial neural network rainfall - runofffore casting combined with wavelet decomposition［J］. Journal of Environmental Engineering and Science，2004，3（Supplement：1）：121 - 128.

［76］ Qiu N，Chen X，Hu Q，et al. Hydro - stochastic interpolation coupling with the Budyko approach for prediction of mean annual runoff［J］. Hydrology and Earth System Sciences，2018，22（5）：2891 - 2901.

［77］ ［美］罗伯特 S. 平狄克，［美］丹尼尔 L. 鲁宾费尔德. 计量经济模型与经济预测［M］. 钱小军，等，译. 北京：机械工业出版社，2005.

［78］ Fathian F，Fakheri - Fard A，Modarres R，et al. Regional scale rainfall - runoff modeling using VARX - MGARCH approach［J］. Stochastic Environmental Research and Risk Assessment，2018，

32 (4): 999 - 1016.

[79] Helmut L, Thore S. Bootstrapping impulse responses of structural vector autoregressive models i-
dentified through GARCH [J]. Quarterly Journal of Economic Dynamics and Control, 2019, 101
(4): 41 - 61.

[80] Koop G, Pesaran M H, Potter S M. Impulse response analysis in nonlinear multivariate models [J].
Journal of Econometrics, 1996, 74 (1): 119 - 147.

[81] Kocherlakota N, Phelan C. Explaining the fiscal theory of the price level [J]. Federal Reserve Bank
of Minneapolis Quarterly Review, 1999, 23 (4): 14 - 23.

[82] Pesaran H H, Shin Y. Generalized impulse response analysis in linear multivariate models [J]. Eco-
nomics Letters, 1998, 58 (1): 17 - 29.

[83] Dinda S. Environmental Kuznets Curve hypothesis: a survey [J]. Ecological Economics, 2004, 49
(4): 431 - 455.

[84] 魏巍贤. 人民币汇率决定模型的实证分析 [J]. 系统工程理论与实践, 2000 (3): 68 - 77.

[85] 毛定祥. 货币政策效应时滞分析——脉冲响应函数与方差分解 [J]. 上海大学学报 (自然科学版),
2002, 8 (6): 562 - 564.

[86] 王舒健, 李钊. 中国地区经济增长互动关系的脉冲响应分析 [J]. 数理统计与管理, 2007, 26
(3): 385 - 390.

[87] 尚涛, 郭根龙, 冯宗宪. 我国服务贸易自由化与经济增长的关系研究——基于脉冲响应函数方法
的分析 [J]. 国际贸易问题, 2007 (8): 92 - 98.

[88] 丁元. 劳动生产率与工资关系的脉冲响应分析——以广东省为例 [J]. 中国人口科学, 2007 (3):
72 - 80 + 96.

[89] 李廉水, 周彩红. 区域分工与中国制造业发展——基于长三角协整检验与脉冲响应函数的实证分
析 [J]. 管理世界, 2007 (10): 64 - 74.

[90] 朱红根, 卞琦娟, 王玉霞. 中国出口贸易与环境污染互动关系研究——基于广义脉冲响应函数的
实证分析 [J]. 国际贸易问题, 2008 (5): 80 - 86.

[91] 史红亮, 陈凯. 基于脉冲响应函数的中国钢铁产业能源效率及其影响因素的动态分析 [J]. 资源科
学, 2011, 33 (5): 814 - 822.

[92] 王生雄, 魏红义, 郑晓梅. 渭河流域径流序列趋势及突变分析 [J]. 水资源研究, 2008, 30 (39):
26 - 27 + 29.

[93] 侯钦磊, 白红英, 任园园, 等. 50 年来渭河干流径流变化及其驱动力分析 [J]. 资源科学, 2011,
33 (8): 1505 - 1512.

[94] 李斌, 解建仓, 胡彦华, 等. 渭河中下游年径流量变化趋势及突变分析 [J]. 水利水运工程学报,
2016 (3): 61 - 69.

[95] 黄晨璐, 杨勤科, 黄维东, 等. 渭河上游典型小流域水文特征差异性分析 [J]. 冰川冻土, 2015,
37 (5): 1312 - 1322.

[96] 李晓娟, 张军龙, 宋进喜, 等. 渭河陕西段径流量对经济用水的响应 [J]. 干旱区地理, 2016, 39
(2): 265 - 274.

[97] 郭爱军, 畅建霞, 黄强, 等. 渭河流域气候变化与人类活动对径流影响的定量分析 [J]. 西北农
林科技大学学报 (自然科学版), 2014, 42 (8): 212 - 220.

[98] 刘晓玲. 渭河下游径流量对气候变化及人类活动的响应研究 [D]. 西安: 陕西师范大学, 2011.

[99] 吴金鸿. 气候变化条件下渭河陕西段径流变化特征及其趋势预测 [D]. 西安: 西北大学,
2013.

[100] 陕西省水利厅. 2000 年陕西省水利统计资料 [R]. 2000.

[101] Lu X W，Li L Y，Lei K，et al. Water quality assessment of Wei River，China using fuzzy synthetic evaluation [J]. Environmental Earth Sciences，2010，60（8）：1693 - 1699.

[102] 刘燕，胡安焱. 渭河流域近 50 年降水特征变化及其对水资源的影响 [J]. 西北农林科技大学学报，2007，35（2）：154 - 159.

[103] 马义娟，钱锦霞，苏志珠. 晋西北地区气候变化及其对土地沙漠化的影响 [J]. 中国沙漠，2011，31（6）：1585 - 1589.

[104] 胡长根. 我省地表水资源概况及分布特性 [J]. 陕西水利，1984（1）：72 - 76.

[105] 陕西省水文水资源勘测局，陕西省地下水管理监测局，陕西省水资源管理办公室. 陕西省水资源公报 [R]. 西安：陕西省水利厅，2016.

[106] Sun C F，Ma Y Y. Effects of non - linear temperature and precipitation trends on Loess Plateaudroughts [J]. Quaternary International，2015，372：175 - 179.

[107] Katori M，Suzuki M. Coherent - anomaly method in critical phenomena. V. estimation of the dynamical critical exponent of the two - dimensional Kinetic Ising Model [J]. Journal of the Physical Society of Japan，1988，57（3）：807 - 817.

[108] 苏贺，康卫东，曹珍珍，等. 1954—2009 年窟野河流域降水与径流变化趋势分析 [J]. 地下水，2013，35（6）：14 - 17.

[109] 陶望雄，贾志峰. 渭河干流中段近 50a 径流极值变化特征分析 [J]. 中国农村水利水电，2015（9）：7 - 11.

[110] 马瑞婷，黄领梅，沈冰. 秦岭北麓典型流域年径流序列的突变分析 [J]. 水资源与水工程学报，2016，27（2）：76 - 79＋85.

[111] 胡刚，宋慧. 基于 Mann - Kendall 的济南市气温变化趋势及突变分析 [J]. 济南大学学报（自然科学版），2012，26（1）：96 - 101.

[112] Yue S，Pilon P，Cavadias G. Power of the Mann - Kendall and Spearman's rho tests for detecting monotonic trends in hydrological series [J]. Journal of Hydrology，2002，259（1 - 4）：254 - 271.

[113] 吕琳莉，李朝霞. 雅鲁藏布江中下游径流变异性识别 [J]. 水力发电，2013，39（5）：12 - 15.

[114] 徐建新，陈学凯，黄鑫. 湄潭县降水突变特征分析 [J]. 华北水利水电大学学报（自然科学版），2014，35（2）：6 - 11.

[115] 范兰，张光辉. 黄河流域典型支流水土流失对全球气候变化的响应 [J]. 水文，2010，30（5）：25 - 31.

[116] Maurer E P，Adam J C，Wood A W. Climate model based consensus on the hydrologic impacts of climate change to the Rio Lempa basin of Central America [J]. Hydrology and Earth System Sciences，2009，13（2）：183 - 194.

[117] 刘俊萍，周俊杰，邹先柏. 渭河流域宝鸡段气温及降水突变分析 [J]. 浙江工业大学学报，2018，46（4）：423 - 428.

[118] 汪曼琳，万新宇，钟平安，等. 长江上游降水特征及时空演变规律 [J]. 南水北调与水利科技，2016，14（4）：65 - 71.

[119] 赵建生. 水文资料系列的代表性分析 [J]. 内蒙古水利，2013（6）：18 - 19.

[120] 乔亮，钱会，高盼盼. 黑河金盆水库入库径流水文特征分析 [J]. 安徽农业科学，2015，43（5）：190 - 191＋304.

[121] Song X Z，Huang D，Liu X Y，et al. Effect of non - uniform air velocity distribution on evaporator performance and its improvement on a residential air conditioner [J]. Applied Thermal

Engineering, 2012, 40: 284 - 293.

[122] Zhou J, Law J S. Effect of non - uniform moisture distribution on the hygroscopic swelling coeffi-cient [J]. IEEE Transactions on Components and Packaging Technologies, 2008, 31 (2): 269 -276.

[123] 张宝庆. 黄土高原干旱时空变异及雨水资源化潜力研究 [D]. 杨凌: 西北农林科技大学, 2014.

[124] 毛健, 赵红东, 姚婧婧. 人工神经网络的发展及应用 [J]. 电子设计工程, 2011, 19 (24): 62 -65.

[125] Govindaraju R S. Artificial neural networks in hydrology Ⅰ: preliminary concepts [J]. Journal of Hydrologic Engineering, 2000, 5 (2): 115 - 123.

[126] 欧阳楷, 邹睿, 刘卫芳. 基于生物的神经网络的理论框架——神经元模型 [J]. 北京生物医学工程, 1997 (2): 93 - 101.

[127] 陈元琳. 基于人工神经网络的动态系统仿真模型和算法研究 [D]. 大庆: 大庆石油学院, 2006.

[128] 耿晓龙, 李长江. 基于人工神经网络的并行强化学习自适应路径规划 [J]. 科学技术与工程, 2011, 11 (4): 756 - 759.

[129] Hosseini S M, Mahjouri N. Integrating support vector regression and a geomorphologic artificial neural network for daily rainfall - runoff modeling [J]. Applied Soft Computing, 2016, 38: 329 -345.

[130] Kashani M H, Ghorbani M A, Dinpashoh Y, et al. Integration of Volterra model with artificialneu-ral networksfor rainfall - runoffsimulation in forested catchment of northern Iran [J]. Journal of Hydrology, 2016, 540: 340 - 354.

[131] 李传东, 田园, 陈玲, 等. 多种连接模型的忆阻神经网络学习 [J]. 重庆大学学报, 2014, 37 (6): 10 - 16+24.

[132] Kwin C T, Talei A, Alaghmand S, et al. Rainfall - runoff modeling using dynamic evolving neural fuzzy inference system with onlinelearning [J]. Procedia Engineering, 2016, 154: 1103 - 1109.

[133] 郝建浩, 唐德善, 尹笋, 等. 基于广义回归神经网络模型的径流预测研究 [J]. 水电能源科学, 2016, 34 (12): 49 - 52.

[134] 聂敏, 刘志辉, 刘洋, 等. 基于 PCA 和 BP 神经网络的径流预测 [J]. 中国沙漠, 2016, 36 (4): 1144 - 1152.

[135] 杨洪. 改进 BP 神经网络集成模型在径流预测中的应用 [J]. 水资源与水工程学报, 2014, 25 (3): 213 - 219.

[136] 王俊平, 李加彦. BP 神经网络的学习过程与算法分析 [J]. 计算机光盘软件与应用, 2014, 17 (4): 241+243.

[137] 朱凯. 新疆阿克苏河流域径流演变规律及预测研究 [D]. 杭州: 浙江工业大学, 2012.

[138] Wang P, Zhu L, Zhu Q J, et al. An application of back propagation neural network for the steel stress detection based on Barkhausen noise theory [J]. NDT & E International, 2013, 55: 9 - 14.

[139] 滕明鑫. 回归神经网络预测模型归一化方法分析 [J]. 电脑知识与技术, 2014, 10 (7): 1508 -1510.

[140] 孙天青. 秃尾河流域径流变化规律及预测研究 [D]. 杨凌: 西北农林科技大学, 2010.

[141] 张勃, 王海青, 张华. 基于人工神经网络的莺落峡月径流模拟预测 [J]. 自然资源学报, 2009, 24 (12): 2169 - 2177.

[142] Nourani V. An Emotional ANN (EANN) approach to modeling rainfall - runoff process [J]. Journal of Hydrology, 2017, 544: 267 - 277.

[143] 刘俊萍，周俊杰，王玮，等．渭河流域陕西段气象水文要素变化特征分析 [J]．浙江工业大学学报，2007，45（3）：253－258.

[144] Hosseini M，Amin M S M，Ghafouri A M，et al．Application of soil and water assessment tools model for runoff estimation [J]．American Journal of Applied Sciences，2011，8（5）：486－494.

[145] 邢大韦，王耀荣，张玉芳．渭河径流变化的影响原因分析 [J]．水资源与水工程学报，2007，18（2）：1－4.

[146] Chang J X，Wang Y M，Istanbulluoglu E，et al．Impact of climate change and human activities on runoff in the Weihe River Basin，China [J]．Quaternary International，2015，380－381：169－179.

[147] 崔同，许新发，刘凌，等．鄱阳湖流域年际径流及丰枯变化分析 [J]．水电能源科学，2014，1（8）：22－25.

[148] 庞振，徐蔚鸿．一种基于改进 k－means 的 RBF 神经网络学习方法 [J]．计算机工程与应用，2012，48（11）：161－163.

[149] 马尽文，青慈阳．对角型广义 RBF 神经网络与非线性时间序列预测 [J]．信号处理，2013，29（12）：1609－1614.

[150] Grossman G M，Krueger A B．Economic growth and the environment [J]．Quarterly Journal of Economics，1995，110（2）：353－377.

[151] 王振龙．应用时间序列分析 [M]．北京：中国统计出版社，2010.

[152] 任英华．Eviews 应用实验教程 [M]．长沙：湖南大学出版社，2008.

[153] ［美］奥特内斯（R. K. Otnes），［美］伊诺克森（L. Enochson）．数字时间序列分析 [M]．王子仁，马忠安，译．北京：国防工业出版社，1982.

[154] 李正辉，李庭辉．时间序列分析实验 [M]．北京：中国统计出版社，2010.

[155] 高铁梅．计量经济分析方法与建模——Eviews 应用及实例 [M]．北京：清华大学出版社，2006.

[156] 李建媛．河北省港口物流与对外贸易相关性研究——基于 VAR 模型的脉冲响应函数分析 [J]．技术与方法，2014，33（5）：287－289＋315.

[157] 严忠，岳朝龙，刘竹林．计量经济学 [M]．合肥：中国科学技术大学出版社，2005.

[158] 李先孝．时间序列分析基础 [M]．武汉：华中理工大学出版社，1991.

[159] 宋翠玲，乔桂明．国际短期资本流动对货币政策有效性的影响分析——基于 VAR 模型和脉冲响应函数的研究 [J]．审计与经济研究，2014，29（5）：97－104.

[160] 程振源．计量经济学理论与实验 [M]．上海：上海财经大学出版社，2009.

[161] 刘俊萍，佟春生，邹先柏，等．基于脉冲响应函数的降水和气温与径流变化的关系研究 [J]．数学的实践与认识，2017，47（24）：155－162.

[162] 张国华，张文娟，薛鹏翔．小波分析与应用基础 [M]．西安：西北工业大学出版社，2006.

[163] 杨福生．小波变换的工程分析与应用 [M]．北京：科学出版社，1999.

[164] 王文圣，丁晶，向红莲．水文时间序列多时间尺度分析的小波变换法 [J]．四川大学学报（工程科学版），2002，34（6）：14－17.

[165] 俞永强，陈文．海-气相互作用对我国气候变化的影响 [M]．北京：气象出版社，2005.

[166] 许武成，马劲松，王文．关于对 ENSO 事件及其对中国气候影响研究的综述 [J]．气象科学，2005，25（2）：212－220.

[167] 章振大．太阳物理学 [M]．北京：科学出版社，1992.

[168] 方成，丁明德，陈鹏飞．太阳活动区物理 [M]．南京：南京大学出版社，2008.

[169] 张灵，李维京，陈丽娟．北半球平流层大气环流转型的基本气候特征 ［J］．应用气象学报，2011，22 (4)：411 - 420.

[170] 邹力，倪允琪．ENSO 对亚洲夏季风异常和我国夏季降水的影响 ［J］．热带气象学报，1997，13 (4)：306 - 314.

[171] 龚道溢，王绍武．近百年 ENSO 对全球陆地及中国降水的影响 ［J］．科学通报，1999，44 (3)：315 - 320.